# 沱江流域
# 水污染治理研究

李益彬　等著

西南财经大学出版社
中国·成都

图书在版编目(CIP)数据

沱江流域水污染治理研究/李益彬等著 . —成都:西南财经大学出版社,
2022.2
ISBN 978-7-5504-5227-5

Ⅰ.①沱… Ⅱ.①李… Ⅲ.①长江流域—水污染防治—四川
Ⅳ.①X522.06

中国版本图书馆 CIP 数据核字(2021)第 265916 号

沱江流域水污染治理研究
TUOJIANG LIUYU SHUI WURAN ZHILI YANJIU

李益彬 等著

策划编辑:李邓超
责任编辑:李特军
责任校对:陈何真璐
封面设计:墨创文化
责任印制:朱曼丽

| 出版发行 | 西南财经大学出版社(四川省成都市光华村街55号) |
| --- | --- |
| 网 址 | http://cbs.swufe.edu.cn |
| 电子邮件 | bookcj@swufe.edu.cn |
| 邮政编码 | 610074 |
| 电 话 | 028-87353785 |
| 照 排 | 四川胜翔数码印务设计有限公司 |
| 印 刷 | 郫县犀浦印刷厂 |
| 成品尺寸 | 170mm×240mm |
| 印 张 | 12 |
| 字 数 | 206 千字 |
| 版 次 | 2022 年 2 月第 1 版 |
| 印 次 | 2022 年 2 月第 1 次印刷 |
| 书 号 | ISBN 978-7-5504-5227-5 |
| 定 价 | 72.00 元 |

# 前　言

　　沱江是长江上游重要的一级支流，纵贯四川盆地中部，从川西北九顶山南麓德阳市下辖绵竹市的断岩头大黑湾源头到泸州市入江口，沿途流经德阳、成都、资阳、内江、自贡、泸州等市，河流全长 638 千米（数字来源：四川省水利厅官网），流域面积 3.29 万平方千米（四川省境内 2.56 万平方千米、重庆市境内 0.73 万平方千米）。沱江流域是四川盆地土地肥沃、人口稠密、开发较早的地区，也是四川省人口密度最大、城市分布尤其是工业城市分布最密集、经济社会最发达的地区，有全省经济发展"金腰带"之称，是四川省经济重心所在，在全省经济社会发展大局中地位突出。

　　相对于经济和人口而言，沱江流域水资源总量严重不足，其以全省水资源量的 3.5% 承载了全省 27.17% 的人口和 30.62% 的经济总量，是典型的"小马拉大车"，长期超负荷运行。一段时间以来，沱江成了四川省水污染最严重的一条河流，其单位面积水污染排放量曾达到全省平均水平的 3 倍以上，局部地区水污染排放量达到全省平均水平的 6 倍。

　　党的十九大报告指出"建设生态文明是中华民族永续发展的千年大计"，《长江经济带生态环境保护规划》和《长江经济带发展规划纲要》明确了加快筑牢长江上游重要生态屏障的重大意义。沱江流域既是长江上游生态屏障最大的环境风险带，又是成渝地区双城经济圈建设的重要承载区域，加快沱江流域水污染治理和水生态环境建设已成为川渝地区各级政府的当务之急和生态文明建设重中之重的工作。2016 年 12 月，《四川省环境污染防治"三大战役"实施方案》明确提出：全面开展沱江流域水质达标冲刺行动，组织实施《沱江流域水污染防治规划》《沱江流域水质达标三年行动方案》，集中开展以德阳为重点的上游区域治理会战，以及成都毗河、资阳阳化河、眉山球溪河、内江威远河、自贡釜溪河、泸州濑溪河等重污染流域的支流治理会战，探索建立沱江流域 7 市 24 个国家和省考核断面的"断面长制"。2017 年 8 月，四川省出台《沱江流域水污染防治规划（2017—2020 年）》，明确要求到 2020 年，沱江流域纳入国家和省考核的监测断面水质优良率（Ⅰ～Ⅲ类）达 65% 以上，全流域劣 Ⅴ 类水体基本消除。2017 年 11 月，国家发展和改革委员会办公厅正式批复同意沱江流域（内江段）作为全国首批 16 个流域水环境综合治理与可持续发展试点流域之一。2018 年 7 月，沱江流域水污染防治专家顾问团成立。2018 年 9 月，成都、自贡、泸州、德阳、内江、眉山、资阳 7 个沱江流域沿岸主要城市签署了《沱江流域横向生态保护补偿协议》。2019 年 9 月 1 日，四川省首次以单独流域立法方式推进水污染治理的开篇之作——《四川省沱江流域水环境保护条例》正式施行。这些行动表明，中央政府、四川省政府和地方政府在沱江流域水环境综合治理上已经达成共识，并多措并举积极治理。本书便是在这样的背景下展开研究的。

全书分为上下两篇。上篇是关于沱江流域水污染治理中的利益冲突与协调机制研究，是四川省社会科学规划项目（基地重大项目）"沱江流域水污染治理中的利益冲突与协调机制研究"（项目批准号：SC18EZD014）的最终成果。沱江流域水环境综合治理的本质是多层面若干相关行为主体之间的责任分摊，其综合治理目标的实现取决于相关行为主体之间协同一致的集体行为的达成过程和结果。因此，正确认识沱江流域水污染治理过程中的利益属性、冲突性质，并构建出行之有效的协调机制是沱江流域水环境综合治理取得预期成效的关键。本部分内容主要厘清了水污染治理中利益主体的关系格局，揭示了利益冲突对主体行为的作用机理和博弈行为，据此设计了水污染治理中的利益协调机制，并从政府、企业和公众三个层面提出了相应的政策建议。下篇是关于沱江流域内江段水污染治理实证研究，是从个案出发梳理、总结自沱江流域内江段流域水环境综合治理与可持续发展试点以来，水污染治理中的经验与问题以及持续治理的对策建议。沱江流域内江段地处沱江流域中游，是连接沱江流域上下游的枢纽，其水污染治理成效是沱江流域综合治理取得决定性胜利的关键。本部分内容主要是在准确把握沱江流域内江段水污染现状的基础上，系统梳理了内江段地方政府综合治理沱江流域水环境所采取的系列措施，总结了其成功的经验和存在的问题，并提出了持续加强沱江流域综合治理的对策建议。

本书既具有补充和丰富流域水环境综合治理特别是水污染治理研究的学术价值，也具有为四川省委省政府、内江市委市政府及沱江流域沿岸各地方政府提供沱江流域水环境综合治理决策参考的应用价值。

本书上篇初稿撰写作者为李益彬（内江师范学院教授、硕士）、彭新艳（西南石油大学讲师、博士）、唐洪松（内江师范学院副教授、博士）、胡艳（内江师范学院副教授、硕士）、曹俊歆（内江师范学院讲师、硕士）、陈云飞（内江师范学院讲师、博士）、李倩娜（内江师范学院讲师、硕士）等；下篇初稿撰写作者为李益彬和唐洪松。本书由李益彬确定框架和基本思路，并全面修改、统稿而成。

沱江流域水污染治理及水生态环境建设将是一个持续不断的过程，关于沱江流域水污染治理的案例研究也将是一个持续不断的课题。本书只是一个开端，我们希望它能起到抛砖引玉的作用，为沱江流域绿色发展、成渝地区双城经济圈高品质宜居地建设尽绵薄之力。

李益彬

2021 年 9 月

# 目　录

# 下 篇 沱江流域内江段水污染治理实证研究

# 上　篇

## 沱江流域水污染治理中的
## 利益冲突与协调机制研究①

①　本部分研究成果为四川省社会科学重点研究基地 - 沱江流域高质量发展研究中心重大专项课题（项目编号 TYZX2020 - 02）"沱江流域水环境治理中的经验、问题及对策研究"阶段性成果；四川省社会科学规划项目（基地重大项目，项目编号 SC18EZD014）"沱江流域水污染治理中的利益冲突与协调机制研究"最终成果。初稿执笔人：李益彬、彭新艳、唐洪松、胡艳、曹俊歆、李倩娜、陈云飞等。

# 第一章 绪 论

## 一、研究背景

党的十八大将生态文明纳入国家"五位一体"发展战略，中央政府对生态环境的保护强度为历史罕见，流域水污染治理迎来了重要的政策窗口期。近年来，我国流域水污染治理取得显著成效，优良水质断面比例大幅度上升。尽管如此，党的十九大报告仍指出："生态环境保护任重道远。"而且，流域生态环境治理问题被置于新的历史高度。以习近平同志为核心的党中央先后提出"必须树立和践行绿水青山就是金山银山的理念，统筹山水林田湖草系统治理""共抓大保护、不搞大开发，为长江经济带发展探索一条生态优先、绿色发展的新路子""坚持生态优先、绿色发展，促进黄河流域高质量发展"等富有历史性意义的论断，为新时代流域水污染治理提供了理论基础。水污染治理是一个综合性问题，行政区域管理的分割性、利益主体的多元性、治理内容的公共物品属性使得跨界水污染问题治理更为复杂。化解跨界水污染治理矛盾，在于突破地方分治模式，以流域为基本单元，以整体、系统性思维建立健全协同治理机制。

沱江是长江上游的一级支流，沿途流经德阳、成都、资阳、内江、自贡、泸州等市，全长638千米（数字来源：四川省水利厅官网），流域面积3.29万平方千米。沱江流域所经之地是四川盆地土地肥沃、人口稠密、开发较早的地区，也是四川省人口密度最大、城市分布最密集、经济社会最发达的地区，承载了四川省 27.17% 的人口和 30.62% 的经济总量，是四川省经济重心所在，在四川省经济社会发展中地位突出。但沱江流域作为长江上游重要的生态功能区，是四川省环境质量最差的一条河流，污水排放量达到四川省平均水平的 3 倍以上，局部地区的污水排放量已经达到四川省平均水平的 6 倍，由水污染引起的经济、社会、生态之间的深刻矛盾愈演愈烈，给沿线地区经济社会高质量发展带来了巨大的挑战，沱江流域生态环境治理已经到了迫在眉睫的关键时刻。2017 年沱江流域（内江段）入选全国首批水环境综合治理与可持续发展试点流域，2018 年 7 月沱江流域水污染防治专家顾问团宣告正式成立，2018 年 9 月成都、自贡、泸州、德阳、内江、眉山和资阳 7 个沱江流域市签署了《沱江流域横向生态保护补偿协议》，这些行动表明中央政府、四川省政府和地方政府在沱江流域水污染治理上已经达成共识。沱江流域水污染治理的本质是多层面若干相关行为主体之间的责任分摊，沱江流域综合治理的目标实现决定于相关行为主体之间协同一致的集体行为的达成过程和结果。因此，正确认识沱江流域水环境污染综合治理过程中的利益属性、冲突性质，并构建出相应的协调机制是沱江流域水污染治理取得显著性效果的关键。

## 二、国内外研究现状

### （一）国外研究现状

国内外对于流域水环境的治理经历了以水资源开发利用、自然灾害预防等为主向以流域环境综合治理保护为主倾斜，再向以流域环境综合治理与生产生活协调发展为主转变的三个阶段。

1. 以流域水资源开发利用为目标的治理阶段

该时期流域治理所关注的是水资源的开发利用、自然灾害的预防等。欧美发达国家对于流域水污染的治理可以追溯到 19 世纪末 20 世纪初。在第一次工业革命后，西方国家人口数量快速增长、经济高速发展，这都提升了对水资源的开发利用强度，化解水资源供给不足与需求过剩之间的矛盾是流域水污染治理中的重中之重。到了 20 世纪 30 年代，欧美发达国家更加重视水域资源的综合利用，将水资源配置、航运发电、洪水防治和旅游开发等内容进行统一谋划，并纷纷建立专门的流域管理职能部门，最大可能地利用流域资源，实现利益最大化，最具代表性的是美国田纳西河流域管理局。田纳西河流域管理局全权代理美国联邦政府的管理职能，以实现对洪水控制、水上运输、水力发电、旅游开发等的综合管理。至 20 世纪 40 年代中期，田纳西河流域已开发 1 050 千米航运水道，发电量居美国所有流域之首，流域内经济欣欣向荣，可以说开发成就巨大。

2. 以水污染治理与保护为主要目标的流域一体化治理阶段

二战后，新一轮经济和人口的增长，对水资源掠夺式的开发利用引发了一系列诸如水环境污染、生态系统功能下降、生物链遭到破坏等环境问题，引起了国际社会的高度关注。水环境问题的日益突出，引起了各国高度重视，纷纷制定环境法律，并加大了环境污染治理与生态保护的力度。1972 年，瑞典斯德哥尔摩人类环境会议发表了《人类环境宣言》，拉开了全球各国人民共同维护人类生存环境的帷幕，流域水污染治理开始由开发利用逐渐向预防和保护倾斜。

3. 以人类生活、生态环境与经济协调发展为主要目标的流域水污染综合治理阶段

20 世纪末期，全球经济一体化进程加速，世界各国经济得到快速发展，提升了对资源环境的开发利用强度，人类与自然之间的矛盾更加突出，环境问题再次受到国际社会的高度关注。1992 年 6 月，联合国环境与发展大会在里约热内卢召开，大会提出了可持续发展的新战略和新理念，并通过了《里约环境与发展宣言》与《21 世纪议程》等纲领性文件，对解决全球环境持续恶化、推动经济社会可持续发展等问题具有重要的意义。随着可持续发展新战略和新理念的提出，人们逐渐意识到人类的可持续发展必须要协调好人口、经济和环境之间的关系，流域治理逐渐综合化。此时，人们逐渐意识到只有以流域为基本单元，强化区域联动，加强对资源、环境、经济及社会的综合治理，才是解决区域发展与生态环境矛盾的最佳途径。为此，英国率先将流域资源开发、生态维护和经济发展的可持续发展目标融入流域综合治理，并得到澳大利亚、美国等发达国家的高度认可和推广运用。

西方发达国家100多年的水污染治理理论和实践表明，人口与经济快速发展是水污染的主要因素。水环境公共物品的属性使其产权不明晰，由此导致的市场失灵成了水污染的根源。水污染治理必须从污染治理单一目标向经济、社会、资源协调发展综合治理转变，从政府主导治理向政府引导、企业主导、公民参与的全社会综合治理转变，从单个行政地区治理向整个流域行政区域协作综合治理转变，形成相互配合、相互制约的横向及纵向的多维度、多层次的立体网络治理体系。[1-5]

### （二）国内研究现状

我国经济发展也经历了"先污染、后治理"的发展历程。学术研究脉络也从水环境污染原因到水污染治理中的利益冲突再到破解冲突的协调机制展开。国内学者对于沱江流域水污染治理的研究极少，一些学者就水环境污染特征[6-7]、水环境质量评价[8-12]及水环境污染防治对策[13-15]进行了初步的探索，研究还比较零散、粗浅，缺乏系统性和整体性。国内水污染治理的研究可以归纳为以下三个方面：

#### 1. 水污染原因的研究

水环境的公共物品属性是污染产生的直接原因。我国早期实行的庇古税和排污权交易依然不能较好地解决资源配置低效率的原因是政府也出现了失灵，这一观点已经被广大学者认同[16-17]。当然，水污染也存在自然环境上面的原因，如流域特征（径流量、降水等）。

#### 2. 水污染治理中的利益行为研究

相关行为主体的多元化以及行为目标的不一致性导致了水污染治理中比较尖锐的利益冲突。在追求经济高速度增长的时代，地方政府的政绩考核压力、企业利益最大化的需求以及公众环境保护信息的不完全性，是水污染治理过程中利益冲突的内在逻辑原因。地方政府注重整体效益，企业追求成本最小、利益最大，公众更是对水污染治理表现为一种消极冷漠的态度[18]。对不同流域区段来说，利益追求目标差异显著导致上、中、下游水域地区的利益冲突矛盾加剧[19-20]。总体来说，政府、企业与公民之间的利益冲突主要表现为经济利益与生存权之间的冲突和经济价值观与环境价值观之间的冲突[21]。

3. 水污染治理中的利益协调机制研究

建立一套完善的利益协调机制成了解决流域综合治理中利益冲突的关键。我国进行了大量相关的理论和实践探索。伍虹[22]、杨玉川[23]认为，协调水污染治理中的利益冲突，应该构建各流域独立的法律体系。赵春光[24]、王勇[25]认为，通过市场型协调机制增进政府间的合作以达到流域综合治理的目的。陈梅、钱新认为，通过公众参与机制来缓解利益团体的利益冲突、监督企业、弥补政府决策失灵的缺点[26]。然而，现有的制度没有形成一套健全有效的协调机制。王俊敏[27]、方子杰[28]认为，首先应建立协调磋商机制，在参与主体上，政府、企业和公众要联合发力，在手段上要实现经济、技术和法律的统一。

（三）研究评述

国内外学者对水污染治理的研究取得了丰硕成果，值得我们学习和借鉴。国内外学者普遍认为：从经济学上看，水污染的根本原因是市场失灵，市场在解决水污染治理这种公共物品供给时是无效率或低效率的，政府作为"有形的手"介入水污染治理是破解市场失灵有效的途径之一，但政府治理不是长久之计，水污染治理未来的发展方向应该是多主体、多手段、多领域、多区域的综合治理。国内外学者达成的这个共识为本书的开展奠定了基础，但已有的研究还存在一些不足，为本书留下了探索空间和余地。主要表现在以下几个方面：

1. 研究沱江流域水污染治理的文献乏善可陈

作为四川省经济重心所在和长江上游生态屏障重要构成部分的沱江流域，水污染治理尚未得到学者们更多的关注和研究。

2. 对流域水污染治理中利益冲突的剖析不足

现有文献关注的重点是流域水污染治理中政府与政府、政府与企业之间的利益冲突，而从政府、企业和公众，上游、中游和下游，生产、生活和生态等纵横向视角入手，分析各层面上利益冲突的表现形式的文献不多。

3. 对流域水污染治理的研究多侧重宏观层面

多数研究对流域水污染治理中政府与政府、政府与企业、企业与企业之间的利益冲突进行了理论剖析，而通过调查访谈资料对流域水污染治理中的政府、企业和公众行为进行研究的较少。

## 三、研究的目的及意义

### (一) 研究目的

正确认识沱江流域水污染综合治理过程中的利益属性、冲突性质,并探索构建行之有效的协调机制是沱江流域水污染治理取得预期目标的关键。因此,本书的主要目的是:通过收集大量数据资料和实地调查,在准确把握沱江流域水污染状况的基础上,从利益主体角度出发,厘清沱江流域水污染治理过程中的利益主体关系、利益冲突类型以及利益冲突演变规律,构建利益主体的关系网络格局和博弈格局,进而构建和创新沱江流域水污染治理协调机制,探索改善流域环境、实现经济社会可持续发展的流域治理模式和路径,为政府相关部门提供决策依据。

### (二) 研究意义

流域水环境污染治理涉及经济、社会、管理、政策、环境、生态和法律等多个学科领域,本书从多层次、多角度分析流域水环境污染综合治理过程中相关主体行为的利益冲突,并提出创新的协调治理体制机制,不管是在学术贡献还是社会应用方面,都具有一定的价值和意义。

1. 理论意义

(1) 本书对深化和延伸相关理论有一定价值。从利益关系的角度对沱江流域水污染治理过程中的相关行为主体的利益冲突类型及表现形式进行梳理剖析,对组织行为理论、厂商理论和市场结构理论的补充完善有一定意义。本书从宏观、中观和微观三个层面,构建博弈模型分析沱江流域水污染治理过程中相关利益主体的策略行为,对集体行为理论和博弈论的拓展延伸有一定裨益。

(2) 本书对完善和发展相关学科有一定价值。在研究的过程中,以组织行为学作为基础,分析水污染治理过程中的相关行为主体的利益冲突,以公共管理学、公共政策学作为支撑,分析水污染综合治理的协调机制,从中提炼和概括出具有普遍意义的科学理论,对于补充、完善、深化、发展组织行为学、公共管理学和公共政策学等学科理论体系有一定的学术价值。

（3）本书对补充和丰富流域水污染治理的研究内容有一定价值。目前，系统研究沱江流域水污染治理的文献极少，国内也尚未构建起一套比较系统完善和科学有效的解决水污染治理中利益冲突的协调机制。本书将采用宏观数据和微观数据结合、理论研究和实证研究结合的分析方法，系统梳理剖析沱江流域水污染治理中相关行为主体的利益冲突表现形式，构建多方博弈模型来分析相关行为主体的策略选择，并以利益主体的策略行为为依据，借助经济、法律、制度、技术和政策等手段，从上、中、下游整个流域层面构建起政府、企业和公众之间的协调机制，以进一步深化流域水污染治理的研究内容。

2. 实践意义

（1）本书对贯彻和执行新发展理念有一定的促进作用。本书的研究对象是沱江流域水污染治理。研究的开展对提高沱江流域水环境质量、践行绿色发展理念，具有一定的实践意义。本书的研究目的旨在构建起沱江流域水污染治理中解决利益冲突的协调机制，对促进沱江流域经济社会与环境保护协调发展、践行协调发展理念，具有一定的实践意义。

（2）本书对贯彻和落实流域生态文明建设有较强的应用价值。面对自然资源匮乏、环境质量下降、生态系统破坏等严峻形势，必须树立尊重自然、顺应自然和保护自然的生态文明理念，突出生态文明建设在"五位一体"战略中的重要地位。推动流域生态文明建设是我国生态文明建设的重中之重。水污染治理问题是流域生态文明建设的核心。本书对沱江流域水污染治理中的利益冲突和协调机制进行研究，在解决沱江流域生态环境严峻问题、促进生态文明建设等方面具有较强的应用价值。

（3）本书对四川省委省政府及沱江流域沿岸各地方政府决策参考有一定的实践意义。四川省委省政府及沱江流域沿岸各地方政府对于沱江流域水环境污染的治理已经达成了共识。但由于沱江流域沿岸地区在经济实力、科技力量和水环境污染程度上存在明显差异，所以在沱江流域综合治理的目标上必然存在不同，利益冲突是客观存在的。本书通过厘清沱江流域水污染治理过程中相关主体的利益冲突表现形式和内在关系，并构建起破解利益冲突的协调机制，能为四川省委、省政府及沱江流域沿岸各地方政府积极推动沱江流域综合治理提供决策参考。

### 四、研究的主要内容

本书的研究对象为沱江流域水污染治理，围绕沱江流域水污染治理中的利益关系、利益相关者策略性行为和利益协调机制三个主要问题展开。具体内容如下：

第一章：绪论。本部分主要阐明项目的研究背景、国内外研究概述、项目研究的目的和意义、项目研究的主要内容、研究思路、研究方法以及项目研究的主要创新之处等。

第二章：相关理论基础。本部分主要阐释流域水污染治理中蕴藏和涉及的相关经济学、管理学现象和理论。

第三章：沱江流域水污染时空演变规律。本部分在概述沱江流域自然地理概况、社会经济概况的基础上，分析沱江流域水体污染的时空特征。

第四章：沱江流域水污染治理中的利益关系格局。本部分以利益相关者理论为基础，梳理沱江流域水污染治理中的利益相关者，分析利益相关者之间的利益关系。

第五章：沱江流域水污染治理利益冲突对主体行为的作用机理研究。本部分以行为理论为基础，分析利益相关者之间的利益冲突类型及其行为特征，并剖析利益相关者行为形成的原因。

第六章：沱江流域水污染治理中的政府和企业行为演化研究。本部分构建博弈模型，设定场景，分析利益主体行为演变的规律及其稳定的条件。

第七章：沱江流域水污染治理中的政府、企业和公众行为演化研究。本部分从上级环保考核和大众环保两个外力约束来分析利益相关者的行为特征及其稳定条件。

第八章：沱江流域水污染治理中的利益协调机制研究。本部分在前述第四、第五、第六、第七章分析探讨的基础上，进一步分析利益相关者之间纵横向利益的协调与博弈，并据此设计和构建起水环境污染综合治理的利益协调机制总体框架。

第九章：研究结论与政策建议。本部分综合理论研究和实证研究结果，提出保障协调机制有效运行的政策建议。

## 五、研究的思路与方法

### （一）研究思路

首先，本书从利益角度，将水环境污染综合治理过程界定为新的利益关系格局形成、冲突演化和协调过程，将因水环境污染综合治理而引发的利益冲突和协调置于水环境污染综合治理的动态过程中，建立起水环境污染综合治理研究的一个新的研究框架；其次，本书在相关理论的基础上，立足于水环境污染综合治理过程的利益属性和关系格局，以不同利益相关者的成本—收益非一致性必然会引起利益冲突，利益相关者的策略行为选择影响和制约着水环境污染综合治理政策目标的达成为理论假设，从水环境污染综合治理利益属性、冲突形成、动态演化规律、主体策略性行为、协调机制设计等方面展开相关研究，验证相关假设，提出相关政策建议（见图 1-1）。

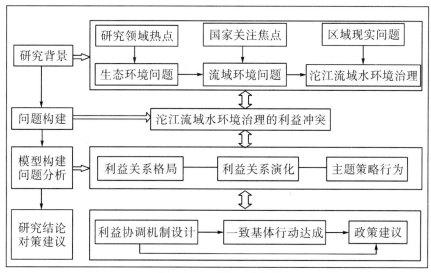

**图 1-1　本书的研究思路**

### （二）研究方法

1. 多学科相互渗透的研究方法

本书综合运用行为经济学、制度经济学、经济社会学、组织行为学等学科知识，对水污染治理进程中所涉及的利益冲突和主体策略行为进行多角度研究，以揭示水污染治理的经济、社会本质。

2. 定性分析与计量分析相结合的方法

本书在对水污染治理的利益属性、利益相关者关系格局及利益冲突影响利益主体行为机理进行定性分析的基础上，构建博弈模型，设定场景，分析政府、企业及公众等主体行为演变的规律及其稳定的条件。

3. 实地勘查与部门调研相结合的方法

一方面，组织团队对沱江流域内江段水环境综合治理的效果进行现场勘查，以对比治理前后的成效。另一方面，对内江市环境生态局、住建局及发改委等职能部门进行调研，总结沱江流域内江段水环境综合治理的有效措施与成功经验。

## 六、研究的创新之处

### （一）学术思想的创新

利益冲突的产生与协调是人类社会历史进程中的永恒主题。立足于高质量发展和生态文明建设的时代背景，以流域水污染治理而引发的利益冲突和协调机制的构建为研究对象，是五大发展理念的重要组成部分；以流域水污染治理的利益属性为逻辑起点，从利益关系角度去认识流域水污染治理的动态过程，并将其理解为利益冲突产生、行为规律认识、利益协调机制构建，实现了流域水环境污染综合治理的生产力与生产关系的融合，形成了新的研究视角，在学术思想上具有一定的特色和创新性。

### （二）学术观点的创新

高质量发展和生态文明建设给流域水污染治理的社会实践带来了机遇和挑战，国家层面的流域水污染治理政策贯彻实施过程本质上是不同利益相关者之间的一致性集体行动的达成，其一致性集体行动的达成是建立在对其利益属性、冲突演化规律和策略性行为认识基础上的。本书从利益属性角度去认识流域水污染治理，将流域水污染治理所涉及的利益相关者的行为纳入相应的关系格局和情境下去进行分析研究，在学术观点上具有一定的创新性。

### （三）研究方法的创新

厘清利益主体间的行为关系是水污染治理集体行动达成的关键。本书运用演化博弈模型，剖析政府、企业及公众三方利益主体水污染治理行为的演变过程、演变条件及均衡状态，为科学、有效的利益协调机制构建提供理论支撑，在研究方法上有一定特色和创新。

### （四）研究对象的特色

沱江流域是四川省的经济重心，是长江上游生态屏障的重要构成部分，是我国首批流域水环境综合治理与可持续发展试点流域（沱江流域内江段）。研究沱江流域水污染治理中的利益冲突与协调机制，对于国家战略的部署以及指导其他流域水污染治理工作，具有重要的意义。所以，本书在研究对象的选择上具有较强的典型性和代表性。

# 第二章　相关理论基础

本章将引入公共物品理论、外部性理论、利益相关者理论、协同治理理论和机制设计理论，以为后续分析沱江流域水环境污染治理中的利益冲突和协调机制设计提供理论基础。

## 一、公共物品理论

公共物品理论是指社会上任何一个主体对某种物品的消费不会影响其他任何主体对该物品的消费，具有"非排他性""非竞争性""非分割性"特征。关于公共物品理论的研究始于美国经济学家保罗·萨缪尔森。流域资源环境是典型的公共物品或者公共资源，即任何一个利益主体对流域资源的开发和环境的消耗，都不会影响其他利益主体对流域资源的开发和环境的消耗。

环境是具有时间和空间二维属性的稀缺资源，在具体的时间和空间范围内，与社会经济发展需求相比较，环境或者资源供给往往是不足的。流域资源环境同样如此。流域涉及多个行政区域，尤其是大型流域涉及多个省份甚至国家，所以说流域资源环境空间对于每个地区而言就是发展的空间，意味着资源禀赋与生态耗损的权利，资源环境禀赋越多，对其经济发展的作用就越大。但是，流域资源环境在时间上和空间上相对稳定，每个地区流域环境及资源的禀赋都是有限的甚至稀缺的。当流域资源及环境空间的消耗达到相当数量时，即使一些利益主体采取正外部性行为，如植树造林、采用环境友好型生产技术等，外溢的正外部效应往往也会被其他利益主体共同分享，即"搭便车"问题的出现。况且采取产生正外部性行为的成本较高，使个体在流域环境污染治理过程中缺乏动力，流域环境这种公共物品属性使得流域治理具有相当大的难度和复杂性。

## 二、外部性理论

外部性理论在经济学中被称为外部成本、外部效应或溢出效应。外部性又有正外部性和负外部性之分。对于外部性的定义，不同学科领域的学者有不同的解释，一些经济学家把这个概念看作经济学中最难理解的概念之一。资源环境经济学对外部性的解释是："当一些行为主体的社会经济活动对其他行为主体的福利造成了损失，或者改善了其他行为主体的福利，就出现了外部性问题。"流域过度开发利用导致的生态环境问题是一个典型外部性问题，外部性理论为解释流域环境污染的根本原因及防治的难度提供了理论依据。

### （一）负外部性

负外部性也称外部成本或外部不经济，是指利益相关者的行为对其他利益相关者产生了不利影响，导致受影响的利益相关者所支付的成本大幅增加，但这些额外成本并不能获得相应补偿的现象。在流域沿岸利益相关者生产及生活过程中，生产资料投入以及对流域资源的开发利用，在获得最大收益或者效用的同时，大量污染物的排放成为流域生态环境恶化的罪魁祸首，但是利益相关者并没有为环境损失买单，进而导致了负外部性，如图 2 - 1 所示。

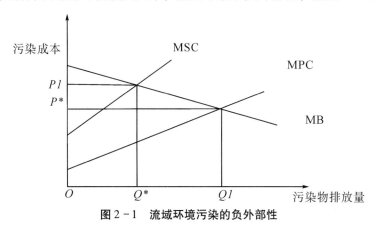

图 2 - 1　流域环境污染的负外部性

在图 2-1 中，横坐标为利益相关者生产生活过程中排放的污染物规模，纵坐标为利益相关者的环境污染代价。当出现负外部性时，MSC > MPC，利益相关者生产生活的边际收益（效用）和边际成本就决定了其污染物排放规模，此时，利益相关者污染排放规模 $Q_1$ 大于全社会最优排放规模 $Q^*$。当全社会需要将污染物排放量降低到最优排放规模 $Q^*$ 时，就需要提高利益相关者环境污染的代价。但在现实情况中，流域作为公共资源，市场难以对其定价，利益相关者不会为其多排放的污染物（$Q_1 - Q^*$）付出相应的成本，在追求利益最大化的过程中，其过度排放污染物行为将会一直延续，导致流域环境质量不断下降。

### （二）正外部性

正外部性又称外部经济，是指经济主体的行为导致其他主体获得额外的经济利益，而受益者无须付出相关代价。在生产生活中，一些利益主体采取环境友好型生产技术或者产品，如绿色化肥、生物农药、免耕技术、废弃物资源化利用技术、水净化技术等，削减了污染物排放规模，环境质量恶化的情况得到一定程度的缓解，全社会因此可以生活在更好的环境空间内，进而导致了外部经济性。具体如图 2-2 所示。

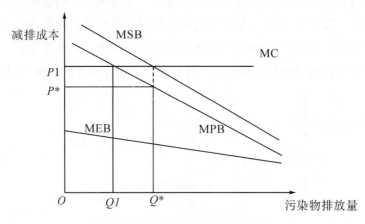

图 2-2　流域环境治理的正外部性

在图 2-2 中，横坐标为利益相关者生产生活过程中削减的污染物规模，纵坐标为利益相关者削减污染物排放的成本。当出现正外部性，MSB > MPB，利益相关者采用环境友好型生产技术及产品时，利益相关者生产生活的边际成本和边际收益就决定了其污染物削减量。此时，利益相关者污染物削减规模 $Q_1$ 小于最优削减规模 $Q^*$。当全社会需要利益相关者污染物削减规模达到 $Q^*$ 时，就需要降低利益相关者污染物减排的成本。但在现实情况下，绿色化肥、生物农药、免耕技术、废弃物资源化利用技术、水净化技术等环境友好型生产技术及产品往往是昂贵的，会进一步增加利益相关者污染物削减的成本，如果得不到相应成本补贴，这些使用环境友好型生产技术及产品的利益相关者也会放弃其正外部性行为，最终导致污染物排放量持续增加。

### 三、利益相关者理论

"利益相关者"一词最早出现在企业管理领域。1984 年，弗里曼的《战略管理——利益相关者方法》一书中明确提出了利益相关者管理理论。弗里曼[29]指出，利益相关者的资源禀赋不同、利益目标不一致，对企业生产运营有不同的影响作用。弗雷德里克（1988 年）基于利益相关者对企业影响作用方式的不同，将其分为直接利益主体和间接利益主体。与企业发生直接交易关系的主体则称为直接利益主体，如企业股东、职工、供应商、零售商、消费商、竞争者等；与企业未发生直接交易关系的主体则称为间接利益主体，如各级政府、社会利益集团、新闻媒体、普通民众等。随着研究的不断深入，利益相关者理论不断被拓展，并广泛运用在资源开发、环境治理和社区管理等经济管理领域。

利益相关者理论为流域水污染治理提供了理论基础。流域水污染治理的外部性、"搭便车"效应以及可能导致的公地悲剧结果表明，流域水污染治理中各利益主体存在相互依存、相互制约的关系。流域水污染治理过程中的利益相关者主要包括中央政府、地方政府、社会团体、企业、流域居民、非政府环保组织与学术机构等。由于这些利益相关者拥有不同的经济活动目的，所以在流域水污染治理过程中表现出截然不同的环境行为。因此，在流域水污染治理过程中，我们必须厘清利益相关者的利益目标、利益冲突以及解决冲突的途径。

## 四、协同治理理论

德国物理学家在协同理论与治理理论的基础上提出协同治理理论，认为在一个复杂的系统中，各组成部分之间共同协作与相互配合可以发挥最大的集体效应。作为一门新兴交叉学科领域的理论，其兼具协同理论与治理理论的共同特征。协同治理理论将社会看作一个开放的复杂系统，政府部门、社会集团、新闻媒体、企业、社区、公众等是这个开放系统中的多元治理主体，每个治理主体都是构成复杂系统的子系统，各子系统相互促进、相互制约对整个复杂系统产生影响。

协同治理理论为解决流域水污染治理中的利益冲突关系提供了理论依据。早期，其更加强调政府机制与市场机制的结合，以解决"市场治理"主张利用产权、价格和供求关系来实现环境产品优化配置所导致的市场失灵。然而，政府主导作用在短期内较为显著，从长期来看，很容易出现政府"单打独斗"的局面。所以，众多学者认为环境非政府组织（环境协会、高校、科研机构、新闻媒体）、社区、公众都应积极参与到水污染治理过程中，多元共治，形成合力，增强流域协同治理效果。而要实现这一目标，解决现有流域水污染跨界治理的困境，必须建立健全协同治理机制，厘清协同主体类型及其行为关系，选择合适的协同手段，设计合理的制度安排。流域协同治理结构见图2-3。

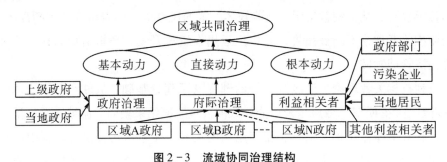

图2-3 流域协同治理结构

## 五、机制设计理论

机制设计理论可以看作博弈论和集体行动理论的综合运用。假设主体行为遵循博弈论所描述的范式，并以集体行动理论为依据设置一个目标，那么机制设计就是要构建一个合理的博弈模型来达成这个目标。简单地讲，机制设计理论是在非集体行动情况下，构建设计一套机制（规则或制度）来达到既定目标的理论。

在流域水污染治理的过程中，存在中央政府、地方政府、企业、环境非政府组织、公众等多个主体之间的博弈，各利益主体在纵向和横向上存在多个维度的利益冲突，要达到多个利益主体协同参与流域水污染治理的集体行动就必须要设计出一套协调各利益主体冲突的机制，实现各利益主体目标最大化。

# 第三章　沱江流域水污染时空演变规律

为更好地把握沱江流域水污染的基本情况，本章在梳理沱江流域自然地理概况和经济社会发展概况的基础上，基于 $COD_{Mn}$（采用高锰酸钾作化学氧化剂测定出的化学耗氧量）、$COD_{Cr}$（采用重铬酸钾作为氧化剂测定出的化学耗氧量）、$NH_3-H$（氨氮）、TP（总磷）四个水质指标，从时间和空间两个维度分析探讨沱江流域水污染时空演变规律。

## 一、沱江流域自然地理概况

### （一）地理位置

沱江是长江上游右岸的重要一级支流，位于四川盆地中部，发源于川西北九顶山南麓，南流至成都市金堂县赵镇，纳毗河、青白江、湔江及石亭江四条支流形成沱江干流后，穿龙泉山金堂峡，向南纵贯四川盆地，至泸州市河口汇入长江。该河流全长712千米，金堂县赵镇以上为上游（也称绵远河），从赵镇至内江市主城区为中游，内江市至泸州河口为下游。四川省流域面积为3.29万平方千米，其中，四川境内2.56万平方千米，流域范围涉及阿坝藏族羌族自治州、德阳市、成都市、眉山市、资阳市、内江市、乐山市、自贡市、宜宾市、泸州市10个市州44个县（市、区）；重庆市境内流域面积为0.73万平方千米，流域范围涉及荣昌和大足两个区。流域介于东经103°30′~106°00′，北纬

28°00′~32°00′。具体地理位置及水系详见图3-1。

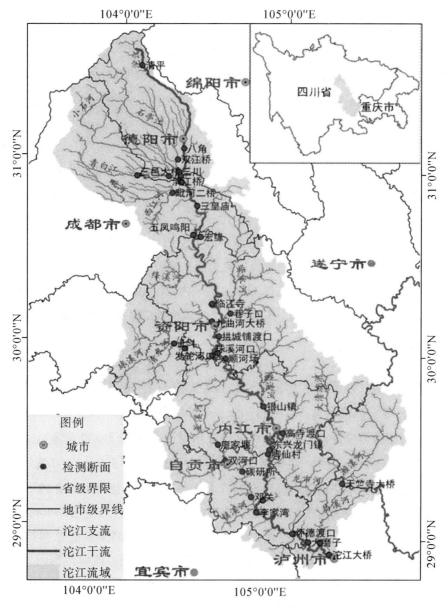

图3-1　沱江流域区位及水系[30]

资料来源：许静，王永桂，陈岩，等. 长江上游沱江流域表水环境质量时空变化
特征［J］. 地球科学. 2020，45（6）：1937-1943.

### （二）地形地貌

沱江流域总体上呈现出东西狭窄、南北扁长的形状，地势西北高、东南低。发源地龙门山脉中段的九顶山，海拔高度 4 989 米，高出成都平原 4 400 米以上。沱江流域内地貌类型复杂多样，西北地区以龙泉山为界，以西为川西平原区，以东为盆地丘陵区，东南部为中低山浅丘地貌。发源地龙门山脉因受秦岭褶皱带和华夏系褶皱断裂带的影响，山脉的排列走向与大地构造的走向完全一致。沱江上游三大支流沿着地势横向切割大地构造，由西北向东南进入四川盆地，大量龙门山前的砂石被裹挟进入盆地，堆砌形成了一层又一层的冲积扇，为成都平原的形成奠定了基础。龙门山区流淌的支流沿途河谷狭窄，坡势较陡，河段水面宽度仅 10 ~ 15 米，水流十分湍急；水流进入成都平原后，河谷突然宽阔，水流变缓，沙石淤积，形成砂砾石河床，河谷的宽度有些段落达到一两千米；以绵远河为例，河床比降平均是 2.5‰，而中下游沱江干流河床比降平均只有 0.43‰。流域内龙门山区和低山区滑坡、崩塌、泥石流等不良地质现象普遍，规模较大，流域内地震基本烈度为Ⅵ ~ Ⅷ度。

### （三）气候特征

沱江流域气候属亚热带季风气候，降水丰沛但分布不均，降水主要集中在夏季 6 ~ 9 月，降水量占全年的 70%。全流域多年平均降水量为 1 029 毫米，降水量时空分异显著，上游山区年平均降水量为 1 200 ~ 1 700 毫米，土地平整区为 900 ~ 1 500 毫米，各地最小年的年降水量通常为 550 ~ 1 100 毫米；中下游连绵小山区年平均降水量为 870 ~ 1 100 毫米。绵竹县天池乡站 1978 年年降水量达到全流域的最高纪录，为 2 363.6 毫米；金堂县三皇庙站 1969 年降水量为最低纪录，为 518.7 毫米。天池站 1995 年 24 小时降水量为 447 毫米，三日降水量为 673 毫米，是沱江流域该两时段最高纪录。流域范围内，泸州市年平均降水量为 1 025 ~ 1 390 毫米，自贡市年平均总降水量为 1 013.3 毫米，内江市年平均降水量为 1 000 毫米，资阳市年平均降水量为 1 100 毫米，成都市年平均降水量为 900 ~ 1 300 毫米，德阳市年平均降水量为 900 ~ 950 毫米。全流域多年平均温度为 17.1 ℃，其中，泸州市年平均气温为 18.1 ℃ ~ 18.8 ℃，年平均日照时数为 1 220 ~ 1 364.8 小时；自贡市年平均气温为 18.3 ℃，年平均日照时数为 1 012 小时；内江市年平均温度为 15℃ ~ 28℃，年平均日照时数为 1 100 ~ 1 300 小时；资阳市年平均气温为 17 ℃，年平均日照时数为 1 300 小时；成都市年平均气温为 16℃，年平均日照时数为 1 042 ~ 1 412 小时；德阳市年平均气温为 15 ℃ ~ 17 ℃，年平均无霜期为 270 ~ 290 天。

### （四）水系特征

沱江水系发达，流域河网分形维数为 0.168 千米/平方千米，上游有青白江和毗河沟通相邻流域岷江水系，构成了沱江非封闭流域的特点；中下游支流与干流呈对称性分布，水系整体呈树枝状，主要支流有绛溪河、球溪河、濛溪河、大清流河、釜溪河和濑溪河等。

沱江河床总体比降较小，多年平均径流量为 105.7 亿立方米，多年平均流量为 333 立方米/秒。沱江上游山区绵远天河王场、石亭江高景关站和湔江关隘站多年平均年径流量分别为 4.61 亿立方米、6.73 亿立方米和 7.14 亿立方米；沱江上游各部分水流于金堂峡以上汇集后，三皇庙站多年平均年径流量达 76.4 亿立方米，下游控制站李家湾多年平均年径流量增至 129 亿立方米，加上李家湾站以下区间径流量，至沱江口全流域的多年平均年径流量约为 140 亿立方米。

沱江洪、枯期水量变化较大，汛期（6 ~ 9 月）径流量占全年的 72.7%，枯水期（12 ~ 4 月）径流量仅占全年的 9.4%。20 年一遇洪水流量为 11 400 立方米/秒，洪水水位为 306.95 米（圣水寺）；50 年一遇洪水流量为 14 100 立方米/秒，洪水水位为 309.06 米（圣水寺），枯水期最小流量仅为 10.8 立方米/秒。

## 二、沱江流域经济社会概况

### （一）流域范围

2019 年，四川水利厅公布了沱江流域四川段范围，如表 3 - 1 所示。沱江流域在四川段主要流经阿坝藏族羌族自治州茂县、德阳市（旌阳区、中江县、罗江区、广汉市、什邡市和绵竹市）、成都市（金牛区、成华区、龙泉驿区、青白江区、新都区、金堂县、都江堰市、彭州市、高新区、简阳市、郫都区和天府新区）、资阳市（雁江区、安岳县和乐至县）、眉山市仁寿县、乐山市井研县、内江市（市中区、东兴区、威远县、资中县、隆昌市、经开区和高新区）、自贡市（自流井区、贡井区、大安区、沿滩区、荣县、富顺县和高新区）、宜宾市（翠屏区、南溪区和江安县）、泸州市（江阳区、龙马潭区和泸县）共10个市（州），流域还包括了重庆市大足区和荣昌区的大部分地区（因行政区划等因素，不在本书重点讨论范畴）。其中，内江市、自贡市、德阳市和资阳市的流域面积最大，占比分别为95.82%、72.79%、61.67%和62.94%，乐山市和阿坝藏族羌族自治州的流域面积较小，占比分别为0.47%和0.05%。

表3-1 沱江流域四川段范围

| 市（州）名 | 面积/平方千米 | 面积占比/% | 县（市、区）名 | 面积/平方千米 | 面积占比/% |
|---|---|---|---|---|---|
| 阿坝藏族羌族自治州 | 42.48 | 0.05 | 茂县 | 42.44 | 1.09 |
| 德阳市 | 3 645.16 | 61.67 | 旌阳区 | 587.84 | 90.71 |
| | | | 中江县 | 439.23 | 19.96 |
| | | | 罗江区 | 60.58 | 13.54 |
| | | | 广汉市 | 548.8 | 100 |
| | | | 什邡市 | 819.85 | 99.98 |
| | | | 绵竹市 | 1 188.86 | 95.38 |
| 成都市 | 6 374.92 | 44.47 | 金牛区 | 33.65 | 30.84 |
| | | | 成华区 | 44.38 | 40.84 |
| | | | 龙泉驿区 | 430.65 | 77.53 |
| | | | 青白江区 | 378.63 | 100 |
| | | | 新都区 | 487.08 | 97.95 |
| | | | 金堂县 | 1 153.6 | 99.81 |
| | | | 都江堰市 | 169.95 | 14.06 |
| | | | 彭州市 | 1 417.74 | 99.76 |
| | | | 高新区 | 473.79 | 82.73 |
| | | | 简阳市 | 1 735.13 | 99.75 |
| | | | 郫都区 | 48.17 | 12.04 |
| | | | 天府新区 | 2.15 | 0.37 |

表3-1(续)

| 市(州)名 | 面积/平方千米 | 面积占比/% | 县(市、区)名 | 面积/平方千米 | 面积占比/% |
|---|---|---|---|---|---|
| 资阳市 | 3 616.69 | 62.94 | 雁江区 | 1 632.34 | 100 |
| | | | 安岳县 | 1 103.27 | 41.02 |
| | | | 乐至县 | 881.06 | 61.86 |
| 眉山市 | 1 940.77 | 27.19 | 仁寿县 | 1 940.77 | 74.41 |
| 乐山市 | 59.51 | 0.47 | 井研县 | 59.51 | 7.08 |
| 内江市 | 5 159.68 | 95.82 | 市中区 | 347.77 | 100 |
| | | | 东兴区 | 1 119.98 | 100 |
| | | | 威远县 | 1 064.32 | 82.54 |
| | | | 资中县 | 1 735.02 | 100 |
| | | | 隆昌市 | 793.82 | 100 |
| | | | 经开区 | 38.34 | 100 |
| | | | 高新区 | 60.44 | 100 |
| 自贡市 | 3 188.23 | 72.79 | 自流井区 | 100.37 | 76.97 |
| | | | 贡井区 | 330.25 | 80.72 |
| | | | 大安区 | 400.96 | 100 |
| | | | 沿滩区 | 430.66 | 100 |
| | | | 荣县 | 526.79 | 32.81 |
| | | | 富顺县 | 1 337.83 | 99.71 |
| | | | 高新区 | 61.38 | 100 |
| 宜宾市 | 332.54 | 2.51 | 翠屏区 | 91.02 | 6.74 |
| | | | 南溪区 | 157.28 | 23.25 |
| | | | 江安县 | 84.24 | 9.40 |
| 泸州市 | 1 216.1 | 9.94 | 江阳区 | 169.73 | 26.09 |
| | | | 龙马潭区 | 168.34 | 50.64 |
| | | | 泸县 | 878.02 | 57.41 |

资料来源:四川水利厅官方公布数据。

### （二）城市与人口

随着经济社会的发展，沱江流域的城镇建设发展迅速。目前，沱江流域已形成一个由超大城市和大、中、小城市以及建制镇构成的等级较为齐全的城镇体系。沱江流域涵盖了四川省10个市（州）44个区（县、市）及经济技术开发区和重庆市的大足、荣昌两区。其中，1 000万人口以上超大城市1座——成都市，100万～500万人口的大城市有德阳、自贡、泸州、宜宾4座，50万～100万人口中等城市有内江、资阳、眉山3座，20万～50万人口小城市有都江堰、彭州、简阳、中江、资中、富顺、荣昌、大足等。四川省和重庆市的统计年鉴数据显示：2018年流域内总人口为2 825.1万人，平均人口密度约为700人/平方千米，是川渝地区人口密度高度集中地区，人口平均密度是全国的5倍左右。沱江流域内城镇人口为1 617.79万人，城镇化率为57.26%，略低于全国城镇化水平（59.58%）。德阳市中江县、成都市简阳市、眉山市仁寿县、资阳市安岳县、内江市资中县、重庆市荣昌区等人口规模均在100万人以上，是川渝地区人口大县（市、区）。

### （三）经济发展概况

沱江流域是四川省开发较早、经济发达、城镇密集的地区，也是四川省人口密度高、工业集中、特色农产品聚集的区域，在全省经济社会发展中占有极其重要的战略地位，被誉为"四川金腰带"。沱江流域内交通较发达，为经济发展提供了良好的基础。以成渝铁路、成渝高速公路和成渝高铁为主轴，沿岸各市铁路、高速公路和高铁等纵横交错，构成了蛛网式的交通网络，是沱江流域经济发展的大动脉。同时，泸州水运港、成都陆空港两个国家级物流枢纽落足沱江流域南北两端，西部陆海新通道的主通道之一（成都—宜宾—泸州）纵贯整个流域，成为沱江流域对外开放与合作的通道和门户。

2018年，沱江全流域实现地区生产总值16 695.26亿元，其中第一、第二、第三产业生产总值分别为1 443.15亿元、8 097.55亿元、7 156.57亿元。三次产业结构比为8.64∶48.50∶42.86。"十二五"后，我国产业结构调整提速，第一、第二产业比重下降，三次产业比重上升是我国产业结构变化的基本特征。沱江流域产业结构发展过程也符合"配第－克拉克定理"，第一、第二产业比重不断下降，三次产业比重不断上升，但是目前仍然以第二产业发展为主，呈现出"二三一"的特征。人均生产总值为 59 492.27 元，远远高于四川省人均生产总值（48 883 元），但低于重庆市人均生产总值（65 933 元）。详见表 3-2。

表 3-2　沱江流域主要经济指标

| 市州 | 区（县、市） | 地区生产总值/亿元 | 第一产业产值/亿元 | 第二产业产值/亿元 | 第三产业产值/亿元 | 人均生产总值/元 |
|---|---|---|---|---|---|---|
| 阿坝藏族羌族自治州 | 茂县 | 34.4 | 6.11 | 20.77 | 7.52 | 30 880 |
| 德阳市 | 旌阳区 | 630.86 | 34.63 | 313.17 | 283.06 | 83 282 |
| | 罗江区 | 126.33 | 21.77 | 63.69 | 40.87 | 56 021 |
| | 中江县 | 390.09 | 87.49 | 149.66 | 152.94 | 36 234 |
| | 广汉市 | 451.06 | 37.35 | 230.57 | 183.14 | 74 990 |
| | 什邡市 | 323.76 | 30.94 | 163.54 | 129.28 | 77 343 |
| | 绵竹市 | 291.77 | 31.13 | 150.51 | 110.13 | 63 607 |
| 成都 | 金牛区 | 1 196.94 | 0.08 | 242.89 | 953.97 | 98 457 |
| | 成华区 | 948.92 | 0.07 | 171.73 | 777.12 | 99 855 |
| | 龙泉驿区 | 1 302.78 | 29.35 | 988.66 | 284.77 | 145 855 |
| | 青白江区 | 475.05 | 15.77 | 327.02 | 132.26 | 113 675 |
| | 新都区 | 799.2 | 29.81 | 462.81 | 306.58 | 88 446 |
| | 郫都区 | 580.22 | 24.35 | 332.42 | 223.45 | 68 069 |
| | 金堂县 | 424.07 | 49.14 | 198.73 | 176.2 | 59 939 |
| | 都江堰市 | 384.8 | 28.45 | 139.45 | 216.9 | 55 446 |
| | 彭州市 | 411.63 | 53.92 | 218.94 | 138.77 | 52 909 |
| | 简阳市 | 453.83 | 64.64 | 245.61 | 143.58 | 55 278 |
| 资阳市 | 雁江区 | 502.48 | 51.36 | 279.63 | 171.49 | 54 873 |
| | 安岳县 | 345.01 | 81.54 | 133.93 | 129.54 | 31 094 |
| | 乐至县 | 219.04 | 33.9 | 96.63 | 88.51 | 43 177 |
| 眉山市 | 仁寿县 | 408.34 | 80.75 | 170.69 | 156.9 | 34 097 |
| 乐山市 | 井研县 | 96.49 | 23.18 | 34.06 | 39.25 | 31 864 |

表3-2(续)

| 市州 | 区（县、市） | 地区生产总值/亿元 | 第一产业产值/亿元 | 第二产业产值/亿元 | 第三产业产值/亿元 | 人均生产总值/元 |
|---|---|---|---|---|---|---|
| 内江 | 市中区 | 277.11 | 17.45 | 128.73 | 130.93 | 51 961 |
| | 东兴区 | 228.71 | 51.88 | 58.77 | 118.06 | 29 087 |
| | 威远县 | 350.93 | 48.99 | 196.65 | 105.29 | 59 641 |
| | 资中县 | 269.99 | 67.19 | 98.88 | 103.92 | 22 822 |
| | 隆昌市 | 285 | 33.8 | 127.75 | 123.45 | 44 853 |
| 自贡 | 自流井区 | 325.65 | 4.94 | 82.08 | 238.63 | 65 577 |
| | 贡井区 | 165.41 | 16.4 | 102.21 | 46.8 | 57 275 |
| | 大安区 | 226.46 | 14.68 | 141.85 | 69.93 | 52 434 |
| | 沿滩区 | 180.27 | 17.6 | 124.8 | 37.87 | 48 920 |
| | 荣县 | 208.99 | 50.55 | 78.86 | 79.58 | 37 589 |
| | 富顺县 | 300.58 | 47.37 | 139.49 | 113.72 | 39 087 |
| 宜宾 | 翠屏区 | 700.09 | 25.72 | 366.1 | 308.27 | 79 106 |
| | 南溪区 | 142.5 | 24.07 | 68.26 | 50.17 | 41 090 |
| | 江安县 | 154.47 | 25.01 | 79.23 | 50.23 | 36 928 |
| 泸州 | 江阳区 | 500.63 | 22.42 | 265.07 | 213.14 | 80 968 |
| | 龙马潭区 | 245.33 | 11.06 | 160.92 | 73.35 | 63 938 |
| | 泸县 | 313.55 | 50.3 | 170.27 | 92.98 | 35 994 |
| 重庆市 | 荣昌区 | 504.88 | 48.96 | 294.09 | 163.83 | 65 691 |
| | 大足区 | 517.65 | 49.03 | 278.43 | 190.19 | 70 831 |
| 沱江流域 | | 16 695.26 | 1 443.15 | 8 097.55 | 7 156.57 | 59 492.27 |

数据来源：《四川省统计年鉴》（2019年）和《重庆市统计年鉴》（2019年）。

　　沱江流域中下游地势较为平坦，适合发展农业，农业是流域经济社会发展的基础产业，近年来得到持续稳步发展，生产总值平稳上升，但受到环保禁养规制的一定影响。2014—2016年第一产业生产总值增长速度大幅度下降，2017—2018年开始回升。总体上，沱江流域的德阳市中江县、资阳市安岳县、眉山市仁寿县的第一产业发展较好，2018年其第一产业生产总值分别为87.49亿元、81.54亿元、80.75亿元。成都平原地区多为城市主城区，农业发展的条件有限，郊区以都市设施农业为主，蔬菜和水果种植较多，但是粮食和畜牧业发展非常薄弱，第一产业的产值较低。成华区、金牛区是成都市主城区，城镇化进程推进快，产业不断向第二、第三产业过渡。

沱江流域内矿产资源分布广阔，储量丰富。现已探明和开采的矿产资源有煤、天然气、铁、磷、石棉、蛇纹石、石灰石等，还有闻名全国的自贡井盐。沱江流域内拥有冶金、煤炭、化工、机械、化肥、纺织、制糖、酿酒等轻重工业[1]，沿岸大中型工厂千余座，是四川省工业分布集中区特别是重工业分布最集中区域。上游德阳市的东方电机厂、东方汽轮机厂、东方锅炉厂，号称"三东"，是西部能源支柱。大型炼化一体企业彭州石化落地在湔江上游，是国家能源发展战略布局的重大项目。中国西部最大的铁路物流枢纽、蓉欧快铁的起点在成都市青白江区。简阳有四川橡胶厂、空气压缩机厂、空气分离设备厂等大中型重工业厂。资阳的机车厂（431 厂——中国中车集团）号称 10 里车城。内江的威远钢铁厂、自贡的鸿鹤镇化工总厂、张家坝制盐化工厂、炭黑厂等也曾是较大型重工企业。泸州天然气矿丰富，是一座天然气化学化工城。

工业是沱江流域经济社会发展的主导产业，沱江流域是川渝地区第二产业最为发达地区，第二产业生产总值的规模优势显著。沱江流域第二产业发展比较好的区（县、市）较为集中分布在沱江中上游的成都平原地区，2018年实现第二产业产值 3 328.26 亿元。其中，龙泉驿区以 988.66 亿元位居第一，新都区以 462.81 亿元位居第二。沱江上游山区和中下游丘陵地区的第二产业发展相对较差，排在后三位的分别是阿坝藏族羌族自治州茂县、乐山市井研县和内江市东兴区，2018 年其第二产业生产总值分别为 20.77 亿元、34.06 亿元、58.77 亿元，仅分别为龙泉驿区的 2.10%、3.45%、5.94%，地区发展差异悬殊。沱江上游和下游的个别区（县、市）第二产业发展也相对较好，如沱游中下游的宜宾市翠屏区，2018 年其工业总产值为 366.10 亿元，位居沱江流域各区（县、市）第三。沱江上游地区德阳市旌阳区，2018 年实现第二产业生产总值 313.17 亿元，位居第六；沱江下游地区泸州市的江阳区，2018 年实现第二产业生产总值 265.07 亿元，位居第八。

沱江流域第三产业飞速发展，生产总值快速上升。沱江流域第三产业发展较好的区（县、市）也较为集中分布在沱江中上游的成都平原地区，2018年实现第三产业总产值 2 180.49 亿元。第三产业产值排在前五的地区，成都市占据四席，分别是金牛区、成华区、新都区和龙泉驿区，2018 年其第三产业产值分别为 953.97 亿元、777.12 亿元、306.58 亿元、284.77 亿元；沱江上游山区和中下游丘陵地区的第三产业发展较为落后。

沱江流域较为富裕的区（县、市）高度集中在沱江中上游成都平原地区。2018 年，成都平原地区人均生产总值为 83 792.9 元，远远高于全国和四川省平均水平，是四川省平均水平的 1.7 培、全国平均水平的 1.4 倍，是名副其实的"天府之国"。沱江流域各区（县、市）人均生产总值排名前五的均在成都平原地区，其中，龙泉驿区（145 855 元）位居第一，其次是青白江区（113 675 元）、成华区（99 855 元）；贫穷地区多集中在沱江上游和下游地区，排在后三位的分别是内江市资中县、东兴区和阿坝藏族羌族自治州茂县，2018 年其人均生产总值分别为 22 822 元、29 087 元、30 880 元，仅分别为龙泉驿区的 15.65%、19.94%、21.17%。当然，沱江流域的上游地区和下游地区也有个别区（县、市）较为富裕，如德阳市的旌阳区，2018 年人均生产总值为 83 282 元，位居第六；泸州市的江阳区，2018 年人均生产总值为 80 968元，位居第七；宜宾市的翠屏区，2018 年人均生产总值为 79 106 元，位居第八。

### 三、沱江流域水环境污染的时空特征

作为长江上游重要支流，沱江流域的水环境状况对长江上游生态屏障建设有重大影响。由于沱江流域经济社会繁荣，人口、城镇众多，工业发达，重工业集聚，因而工业废水、生活污水、畜禽养殖、农业种植等污染源众多，使得沱江长期以来成为长江上游污染十分严重的一级支流。

#### （一）沱江流域水质现状

根据 2020 年 5 月沱江流域"十三五"断面共享数据，断面共计 7 个，水质类别采用单因子评价法，即通过将评价指标的监测值与《地表水环境质量标准》（GB3838－2002）中的标准值进行比较以确定单项指标的水质类别，按参评项目中水质类别最差项目的类别确定。本次评价指标包括高锰酸盐指数、重铬酸盐指数、氨氮和总磷 4 个指标，评价结果表明，7 个断面的水质类

别主要为Ⅱ、Ⅲ级，其中2个断面为Ⅱ级、5个断面为Ⅲ级。

根据2020年5月《四川省生态环境厅简报》公布的内容，在沱江流域24个国考和省考断面中，有自动站监测数据的断面22个，爱民桥断面水质自动站因清淤无监测数据，毗河二桥断面未设置水质自动站。根据沱江流域22个国考和省考水质自动站的数据分析，3月1～31日平均水质为Ⅰ类、Ⅱ类和Ⅲ类断面17个，占比为77%，同比增长9%；Ⅳ类断面5个，占比为23%，同比增长9%；无Ⅴ类及劣Ⅴ类断面，同比下降18%。

根据沱江流域22个国考和省考断面1～2月采测分离数据和3月1～31日水质自动站数据分析，2个断面未达到《沱江流域水生态环境2020年工作要点》水质目标要求，其中，国考自贡市釜溪河碳研所断面为Ⅳ类，高锰酸盐指数超标0.03倍、氨氮超标0.44倍、总磷超标0.31倍；省考自贡市旭水河雷公滩断面为Ⅳ类，氨氮超标0.11倍、总磷超标0.08倍。

### （二）沱江水环境污染时间变化特征

#### 1. 主要水质指标浓度年际变化波动较大，总体向好

根据沱江流域地表水主要污染物监测数据，对沱江全流域污染因子年均浓度进行年际对比，结果见图3-2。2010—2017年，氨氮浓度呈明显下降趋势，化学需氧量（COD）、5日生化需要量（$BOD_5$）和总磷浓度表现为反复的上下波动性，如图3-2所示。沱江流域超过Ⅲ类水质标准的指标为总磷和氨氮，总磷浓度在8年间持续超标，2010年总磷浓度最高，为0.31毫克/升，超标0.55倍，同时总磷在2010年和2016年超过Ⅳ类水质标准；氨氮浓度在2010—2014年由Ⅳ类向Ⅲ类水质标准变化，自2015年水质逐渐达标。5日生化需要量和化学需氧量浓度保持在Ⅲ类水质标准范围内，5日生化需要量浓度在2012年和2013年可达到Ⅱ类水质标准，化学需氧量浓度在2011年最高，其余年份在16.5毫克/升上下浮动。总体来看，沱江流域近年来水质呈现向好发展趋势。

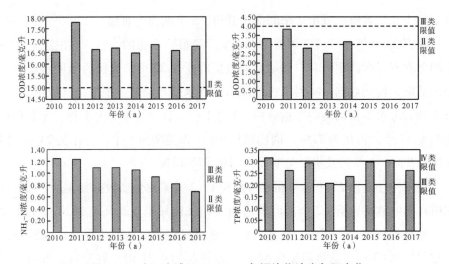

**图3-2 沱江流域2010—2017年污染物浓度年际变化**

资料来源：许静，王永桂，陈岩，等. 长江上游沱江流域地表水环境质量时空变
化特征［J］. 地球科学，2020，45（6）：1937-1947.

2. 断面水质以Ⅳ类、Ⅴ类水为主，但各断面水质类型占比年际波幅较大

2010—2017年沱江流域所有监测断面水质类别和达标率年际对比结果见
图3-3。就断面水质类别总数而言，沱江流域断面水质以Ⅳ类为主（116个，
占42.18%），Ⅳ类、Ⅴ类断面共145个（占53.45%），为Ⅰ类、Ⅱ类和Ⅲ类
断面数的2.44倍，劣Ⅴ类断面48个（占17.45%）。2010—2017年，沱江流
域各断面水质类型占比变化幅度较大，尤其是Ⅰ类、Ⅱ类、Ⅲ类水质断面和
Ⅳ类、Ⅴ类水质断面的比重，Ⅰ类、Ⅱ类、Ⅲ类水质断面比例呈先上升后降
低趋势，Ⅳ类、Ⅴ类水质断面的比例呈先下降后上升趋势，而劣Ⅴ类水质断
面比例多数年份表现出上升态势。2017年，沱江流域劣Ⅴ类水质断面比降明
显，表明沱江流域水质特征整体呈现出"逐渐趋好"向"逐渐恶化"转变。
2010—2017年，沱江流域均处于污染状态，其中，2014—2016年为中度污
染，其他年份为轻度污染，流域断面达标率提高进程仍任重道远。

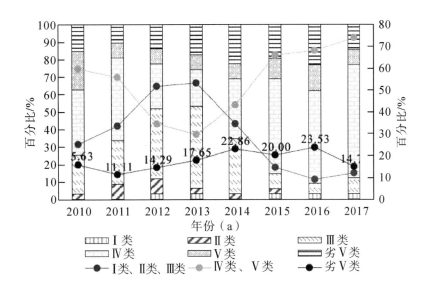

**图 3-3　沱江流域 2010—2017 年监测断面水质类别和达标率年际变化**

资料来源：许静，王永桂，陈岩，等. 长江上游沱江流域地表水环境质量时空变化特征 [J]. 地球科学，2020，45（6）：1937-1947.

### （三）沱江水环境污染空间变化特征

通过对沱江流域 2010—2017 年各断面水质类别变化的监测发现，整体而言，该流域水质污染严重，以Ⅳ类为主（19 个断面，占 52.78%），其次是劣Ⅴ类和Ⅲ类（均为 6 个断面，占 16.67%），断面达标率仅为 19.44%。干流的监测断面水质类别好于支流，支流的治理力度需要进一步加大。沱江流域 2010—2017 年各断面水质类别演化见图 3-4。

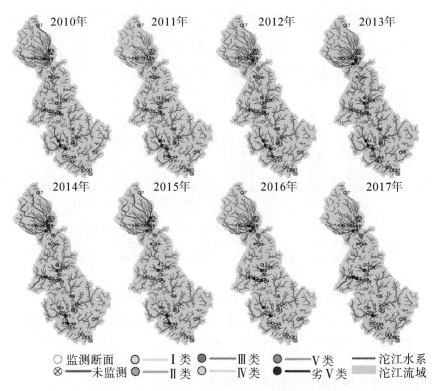

**图 3 - 4 沱江流域 2010—2017 年断面水质类别演化**

资料来源：许静，王永桂，陈岩，等. 长江上游沱江流域地表水环境质量时空变
化特征 [J]. 地球科学，2020，45（6）：1937 - 1947.

### （四）沱江流域部分市域水环境污染状况

#### 1. 德阳市

2018 年，德阳市地表水稳中趋好，总体为轻度污染，主要污染物为总磷。
绵远河水质为优，北河、郪江、凯江水质为良好，湔江、石亭江、中河（青
白江）水质均为轻度污染，水质优的河流占总河流数的 14.3%，水质良好的
河流占总河流数的 57.1%，轻度污染的河流占总河流数的 28.6%。2019 年，
德阳市 7 个国考、省考断面优良水质断面比例为 100%，劣 V 类水体比例为 0；
与 2018 年相比，德阳市优良水质断面提高了 42.86 个百分点，主要污染物总
磷、氨氮和高锰酸盐指数的浓度总体均呈下降趋势。

2．成都市

2018 年，成都市岷江、沱江水系共设置市控及以上地表水监测断面 108 个，实际监测 106 个（李家岩水库暂未监测，白鹤水库断面取消），其中省控及以上河流断面 15 个、省控湖库点位 8 个。监测结果表明，岷江、沱江水系成都段地表水水质总体呈良好，其中 I 类、II 类、III 类水质断面 80 个，占 75.5%；IV 类、V 类水质断面 21 个，占 19.8%；劣 V 类水质断面 5 个，占 4.7%。2019 年，成都市岷江、沱江水系共设置市控及以上地表水监测断面 108 个，实际监测 107 个（李家岩水库暂未监测），其中省控及以上河流断面 15 个、省控湖库点位 8 个。监测结果表明，岷江、沱江水系成都段地表水水质总体呈优，其中 I 类、II 类、III 类水质断面有 97 个，占 90.7%；IV 类、V 类水质断面有 7 个，占 6.5%；劣 V 类水质断面有 3 个，占 2.8%。

3．内江市

2015—2019 年，球溪河内江段的入境断面（发轮河口）和入沱江干流断面（球溪河口）主要污染因子为化学需氧量、氨氮和总磷；近三年各项监测指标均出现不同程度的超标情况，总磷超标尤为严重，超标倍数高达 1.5 倍。小青龙河口水质超标主要污染因子为总磷、化学需氧量，两者的总超标率均超过 50%，总磷和化学需氧量的最大超标倍数分别为 1.57 倍、1.05 倍。大清流河口水质超标主要污染因子为化学需氧量，其总超标率为 25%，最大超标倍数为 0.985 倍。濛溪河水质均达到地表水 III 类标准，其主要污染因子为化学需氧量，尤其是在 2016 年和 2017 年，化学需氧量数值均在 19 以上，非常接近标准限值。总体来看，2019 年，沱江干流老母滩断面由 2016 年的 IV 水质改善为 III 类水质，球溪河口断面由 2016 年的劣 V 类水质改善为 III 类水质、威远河廖家堰断面由 2016 年的劣 V 类水质改善为 IV 类水质，其他主要河流水质稳中趋好，县级及以上城市集中式饮用水水源地水质达标率保持在 100%。

# 第四章　沱江流域水污染治理中的
## 利益关系格局研究

流域水环境作为准公共物品，其污染治理涉及多个利益主体。沱江流域水污染治理的背后是错综复杂的利益关系和已然失衡的利益格局。界定沱江流域水污染治理的利益相关者，厘清沱江流域水污染治理中各相关主体的利益诉求和利益关系，由此形成一个多层次的动态变化的利益关系格局，是建立沱江流域水污染治理协调机制的必要基础。

### 一、沱江流域水污染治理中的利益相关者识别

1984 年，弗里曼将利益相关者定义为能影响组织目标的实现或被组织目标的实现影响的个人或群体[29]。利益相关者在实践中扮演着组织、参与、参加、提供和支持等多重角色[31]，并因其社会政治地位的不同呈现出多样性和复杂性[32]。据此，可将沱江流域水污染治理中的利益相关者界定为直接或间接参与到沱江流域水污染治理中的，其行为影响沱江流域水污染治理的利益或利益受到沱江流域水污染治理影响的所有个体和群体，包括中央政府、四川省政府、流域各地方政府、流域排污企业、流域居民和非政府环保组织与学术机构等。

### （一）中央政府

环境是一种特殊的公共物品，具有非竞争性和非排他性，只能由政府提

供[33]。改革开放后，随着经济发展、工业化加速推进和城市规模的不断扩大，我国的环境污染问题逐渐累积显现。以习近平同志为核心的党中央高度重视环境污染问题，以"绿水青山就是金山银山"的绿色发展理念、山水林田湖草系统治理的整体系统观和用最严格制度、最严密法治保护生态环境的严密法治观指导水环境的综合治理，制定了一系列水环境保护与治理政策。2015年，国务院出台《水污染防治行动计划》；2017年，环境保护部、国家发展和改革委员会、水利部共同发布《重点流域水污染防治规划（2016—2020年）》以及不断修订的《中华人民共和国水污染防治法》《污水综合排放标准》《地表水环境质量标准》等一系列法规和标准，表明了中央政府治理水污染的决心。

### （二）四川省政府

四川省政府的利益目标与中央政府具有较高的相似性。沱江流域面积90%在四川省境内，按照《中华人民共和国水污染防治法》的规定，四川省政府对沱江水环境质量负责。四川省陆续出台了《沱江流域水污染防治规划（2017—2020年）》《沱江流域"一河一策"管理保护方案》《沱江流域水质达标三年行动方案（2018—2020年）》等，并于2019年立法通过了《四川省沱江流域水环境保护条例》。四川省政府一方面受中央环保督察，另一方面为流域各地方政府提供资金支持、政策保障和组织协调。

### （三）流域各地方政府

沱江流域主要涵盖四川省德阳、成都、资阳、眉山、内江、自贡、泸州7个市29个县（市、区）。《四川省沱江流域水环境保护条例》规定："沱江流域水环境保护实行目标责任制和考核评价制度，将水环境保护目标完成情况作为考核评价地方人民政府及相关主管部门的重要内容[34]。"各市相继出台了沱江流域水污染治理的相关文件，如《〈水污染防治行动计划〉德阳市工作方案》《沱江流域成都段水生态环境综合治理工作方案》《沱江流域（资阳段）环境综合治理实施方案》和《中共内江市委关于内江沱江流域综合治理和绿色生态建设与保护若干重大问题的决定》《内江市沱江流域综合治理和绿色生态系统建设与保护规划（2017—2020）》等。

沱江流域各地方政府是相对独立的利益主体，负责执行省市政府的水污染治理政策，并监督辖区内的企业排污情况。地方政府既期望得到省市政府的环保政策和资金支持，把环境治理成本分摊到省市政府或流域内其他地方政府身上，又要考虑到自身利益及其与相邻地方政府的关系，呈现利益的复杂性与多样性。同时，地方政府与中央政府在水污染治理中利益目标存在明显的差异。除公共利益外，地方政府既受经济利益的驱使，也有政治利益（职位晋升）和社会利益（社会稳定）的考量[35]。

### （四）流域排污企业

企业既是地方经济的运行主体，又是环境污染的制造者和削减者[36]。一方面，区域社会经济的发展必然需要依托企业。企业是地方经济发展的支柱，为地方经济发展带来显著的经济效益，是地方就业的主要解决者，也是地方政府财政税收的重要来源之一。另一方面，企业排污行为会给其他利益主体带来环境损害，影响其他主体的利益，流域排污企业是污染控制的主要对象、流域水污染治理的重要责任主体。企业是水污染治理的重要利益主体之一。《四川省沱江流域水环境保护条例》第三十三条指出，流域排污企业主要包括"从事工业、建筑、餐饮、医疗等活动的企业事业单位[34]和其他生产经营者排放污水的"。流域排污企业是水污染治理的重要参与者和被监管者。

企业生产特别是工业企业生产，不可避免要排放污水。部分污水排放是合理合法的，符合我国相关污水排放标准[37]。但对于已经污染的沱江流域仅能维持水质不继续恶化，起不到治理作用。另外，还有大量违规排污的企业，数目众多，分布广泛，排污总量已经远超沱江流域水体的自净能力。地方政府出于税收、就业等考虑，通常采取默许的态度和进行象征性处罚。处罚力度普遍较小，企业宁可受罚也不愿治污，这就使得企业在生产过程中弱化了自己对环境的责任和义务。

### （五）流域居民

在流域水污染治理中，流域居民既是水污染的最大受害者，又是水污染治理的参与者和监督者。恶劣的水质既严重影响农业生产，又威胁人们的身体健康。由于我国政府管理体制具有"条块结合、以块为主"的特点，流域居民参与水污染治理的权利得不到有效保障。受常人的生存理性和专业壁垒的约束，流域居民鲜少参与流域水污染治理的决策与监督[38]。根据利益相关者理论，利益相关者由于目标和偏好的不同，对目标决策的参与水平不同，决策者要针对不同的利益相关者做出适当的决策。只有流域居民开始感受到污染问题对生存和发展带来的巨大冲击，进而参与到水污染防治中，水污染防治才有可靠保障[40]。沱江流域居住着 2 800 多万人口，居民受水污染的直接影响。沱江流域水资源的保护与开发和流域居民利益息息相关，流域居民对水污染治理有极大的愿景，是水污染治理的监督者、参与者和受益者。

### （六）非政府环保组织与学术机构

非政府环保组织和学术机构为政府与企业的污染治理提供技术和决策咨询，是水污染治理的协助者。一方面，维护公众利益，反映公众诉求，参与政府相关环境保护行动，向企业和公众宣传环保知识；另一方面，利用媒体等手段，对政府和企业的行为进行报道监督，是水污染治理的宣传者和监督者。但是，由于治理水污染并非其核心利益，因此水污染治理的力度和作用都有限。

### （七）核心利益相关者的界定

由于沱江流域水污染治理的利益相关者涉及群体众多，层次复杂，不同利益相关者对水污染治理的影响与被影响程度存在差异，有必要对其进行分类分析，以找到利益的关键主体。弗雷德里克根据是否发生市场关系把利益相关者分为直接利益相关者与间接利益相关者[41]；Charkham 按照合同性质将利益相关者分为契约型相关者和公众型相关者[42]；米切尔采用米切尔评分法，按照权力性、合法性和紧迫性原则，将利益相关者分为确定型利益相关者、预期型利益相关者和潜在型利益相关者[43]。陈宏辉在米切尔属性分类法的基础上提出主动性、重要性和紧急性三维度，将利益相关者分为核心利益相关者、蛰伏利益相关者和边缘利益相关者三类[44]。结合学者们关于利益相关者分类的研究，本书从利益重要性、利益相关性和利益紧迫性三个维度，采用专家评分法与统计性描述，对沱江流域水污染治理利益相关者进行分类。

通过专家对沱江流域水污染治理利益相关者从利益重要性、利益相关性和利益紧迫性三个维度进行打分，分值按从大到小排序依次为 6 分、5 分、4 分、3 分、2 分、1 分。对得分进行统计学分析，取其均值，结果见表 4-1。

表4-1 沱江流域水污染治理利益相关者分类

| 评分维度 | [1, 3) | [3, 5] |
|---|---|---|
| 利益重要性 | 非政府环保组织和学术机构 | 中央政府、流域各地方政府、流域排污企业、流域居民 |
| 利益相关性 | 非政府环保组织和学术机构 | 流域各地方政府、流域排污企业、流域居民、中央政府 |
| 利益紧迫性 | 非政府环保组织和学术机构 | 流域居民、流域各地方政府、中央政府、流域排污企业 |

按得分从高到低，利益重要性排序为流域居民、流域排污企业、流域各地方政府、中央政府、非政府环保组织和学术机构；利益相关性排序为中央政府、流域居民、流域排污企业、流域各地方政府、非政府环保组织和学术机构；利益紧迫性排序为流域排污企业、中央政府、流域各地方政府、流域居民、非政府环保组织和学术机构。核心利益相关者的界定标准是：至少两个维度均值在3分以上[45]。统计结果显示，中央政府、流域各地方政府、流域排污企业和流域居民在3个维度上均值均超过3分，为本书界定的核心利益相关者。非核心利益相关者的界定标准是：至少两个维度均值在3分以下。统计结果显示，非政府环保组织和学术机构在3个维度上均值均小于3分，为本书界定的非核心利益相关者。

## 二、核心利益相关者利益诉求分析

有效达成沱江流域水污染治理目标，必须对水污染治理中各利益主体的需求、态度和行为特点等有清晰的认识，因此，厘清各利益主体的利益诉求、冲突及关联是建立沱江流域水污染治理利益协调机制的关键点。

### （一）中央政府的利益诉求

公共利益是中央政府的唯一利益诉求。在出现严重污染的情况下，中央政府责无旁贷。中央政府通过制定一系列政策、法规并督促落实而对水污染治理起到监督和推动作用。如1990年开始推行的"环境保护目标责任制"对流域各地方政府改善环境质量提出了明确要求[46]。该制度通过确定主要责任者和责任范围，明确责任制的考核指标和方法，建立了一套政绩考核体系，把污染治理纳入流域各地方政府的重要议事日程和年度工作计划，一定程度上强化了流域各地方政府对水污染治理的重视和领导。但是，由于流域各地方政府只能作为指导者而不能作为执行者的定位，其利益诉求的表达和实现都只能委托他人。

### （二）流域各地方政府的利益诉求

在流域水污染治理中，地方政府都具有贯彻上一级政府环境保护政策和实现辖区内经济繁荣、生态可持续发展的双重身份。在沱江流域水污染防治中，流域各地方政府所追求的经济利益部分相同，主要包括辖区经济和税收的增长。在沱江流域水污染治理中，地方政府具有贯彻中央政府环境保护政策和实现地方经济繁荣、生态可持续发展的双重身份；在沱江流域水污染治理中，地方政府管理者的利益偏好是追求地方社会、经济和生态发展的总绩效（政绩）[47]，追求在地方政绩考核中排名靠前，提高晋升概率。

在非经济领域，流域各地方政府都有共同的政治利益和生态利益追求。在政治上，希望树立良好的政府形象，提高居民和企业的满意度；在生态上，期望改善生态环境，保护居民的生存环境，推动经济社会可持续发展。

### （三）流域排污企业的利益诉求

沱江流域的排污主要涉及工业、农业及居民生活污水等，在此重点分析沱江流域水污染治理的主要对象——企业。流域排污企业作为理性的经济人，必须自己评估水污染治理的成本利益。在水污染治理中，企业利益诉求主要关注企业效益最大化，在很多时候，企业宁可承受罚款也不愿治理污染、主动执行环保政策，减少污染排放是有很大难度的。但随着社会各界对环境保护的日益关注，社会认可度和公众形象也成了企业追求的目标，企业不得不改变自身发展策略。企业的利益诉求主要包括以下三个方面：一是尽可能减少污染治理过程中产生的费用支出；二是获得污染治理扶持政策、宽松的贷款政策和税收优惠政策；三是树立良好的企业形象，与各利益相关者特别是与地方政府搞好关系。

### （四）流域居民的利益诉求

水环境保护与流域居民的生活息息相关，水污染会直接破坏居民的生存环境，影响农业生产，威胁居民的自身健康，降低生活质量。流域居民的利益偏好是提高生态环境质量和生活质量。流域居民作为沱江流域水污染治理最直接的受益者，对沱江流域水污染治理有着最强烈的诉求。在沱江流域水污染治理中，流域居民利益诉求主要关注生态利益和经济利益，主要包括以下两个方面：一是保护水资源不受污染，提高生态环境质量，降低居民为水污染治理而承担的各种成本；二是参与水污染治理，向政府表达意愿，与企业进行谈判，以获取自身更大的收益。

综上所述，在沱江流域水污染治理中，各利益主体及其利益诉求如表4-2所示。

**表4-2 沱江流域水污染治理利益主体及其利益诉求**

| 利益主体 | 利益偏好 | 利益诉求 |
|---|---|---|
| 中央政府 | 生态利益摆在首位 | 流域整体生态利益、社会利益 |
| 流域各地方政府 | 追求地方经济、社会和生态发展的总绩效（政绩） | 地方经济利益、社会利益、生态利益 |
| 流域排污企业 | 追求企业利润的最大化、良好的企业品牌形象 | 企业经济利益、社会利益 |
| 流域居民 | 追求较好的生态环境质量和生活质量 | 个人经济利益、流域生态利益 |

## 三、沱江流域水污染治理的利益格局分析

按照曹成杰等（2011）学者的解释，利益格局可定义为在一定时期内，不同利益主体之间在利益分配和占有过程中形成的相对稳定的关系形态[48]。其实质表现为一系列有关群体的权利、责任、行为方式等的制度化规则[49]。利益格局问题绝不仅仅是经济问题，而是一个政治问题[50]，是社会和政治运行的内在动力[51]。在沱江流域水污染治理实践中，政府一般可以通过适当的

方式，诸如政策、制度等对利益主体之间错综复杂的利益关系进行调控、调适，但是当利益格局发生扭曲和失衡时，只有通过改革已有利益分配机制，对不同主体间的利益关系进行再调整和重塑，实现利益格局新的平衡，才能使沱江流域水污染治理进入良性轨道。

### （一）利益格局的总体状况

核心利益相关者的利益诉求既彼此交织又存在矛盾，是造成当前沱江流域水污染治理问题的极为重要的根源。由于核心利益相关者包含多个主体，其利益诉求不同、矛盾冲突不断，在长期调整过程中形成利益交织、关系复杂的利益格局（见图4-1）。

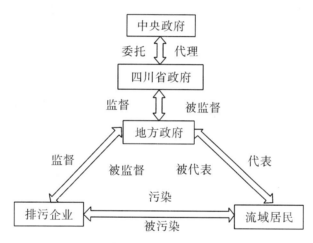

**图4-1 沱江流域水污染治理利益格局**

中央政府、四川省政府与流域各地方政府之间存在监督与被监督的关系，这是由行政力量天然决定的。随着我国经济发展目标的变化，生态目标被摆在越来越重要的位置。而流域各地方政府除了生态目标外还有经济目标。从政绩考虑，往往不能很好地权衡经济利益与生态环境的关系，而将经济利益摆在首位[52]。流域各地方政府相较于中央政府具有一定的信息优势[53]。

流域各地方政府与企业之间也存在监督与被监督的关系，但在环境治理上又与一般的监督与被监督的关系不同。一方面，流域各地方政府作为地方公共利益的维护者有义务和责任监督企业的排污行为，并在某些条件下依法对违规排污行为做出处罚，而企业为实现自身的经济目标，往往会采取各种手段逃避或者抵制政府的监管，两者站在对立面。另一方面，为发展当地经济，解决就业、居民增收问题，使得流域各地方政府与企业之间存在一致的利益追求，进而演变为两者互通有无，形成实际上的同盟。在某些场景下，这种同盟关系使得流域各地方政府在监督或处罚流域排污企业过程中常常会出现行为上的偏差[54]。

流域各地方政府与流域居民之间存在代表与被代表的关系。政府作为公共利益的代表者，和居民的利益是一致的，但是由于居民群体的庞大，极易出现"搭便车"的行为，使得很多本因由社会和公众承担的责任都推给政府，使得政府压力越来越大。另外，自政府利益目标多元化以后，经济目标与生态目标之间存在先后与轻重的选择问题，再加上权力寻租，导致流域各地方政府与流域居民之间的利益冲突日益明显。

流域排污企业与流域居民之间存在污染与被污染的关系。一般来说，根据"谁污染谁付费"的原则，排污形成的各种成本都应由流域排污企业来承担。但是，地方政府在一定程度上的包庇和居民维权成本极高，使得污染治理呈现很强的负外部性，治理成本变成了社会成本，并由整个社会共同承担[55]。并且，当地居民是一个比较松散的利益结合体，很容易因为利益目标不一致或者维权成本过高而变为单独的污染受害者，从而在与流域排污企业的利益冲突中处于劣势地位。

### （二）利益格局的具体表现

#### 1. 利益结构失衡

在沱江流域水污染治理中，各种利益交织形成了一个不太稳定的复杂的利益结构。就不同性质的利益结构而言，失衡表现在过分注重经济利益、政治利益而忽视社会利益、生态利益。地方政府和企业在利益冲突中占据优势地位，使得他们可以将其自身的首要目标强加给其他主体。中央政府信息不对称及当地居民维权困难使其不得不在一定程度上做出让步和妥协，这就使利益结构不断偏向优势方而处于失衡状态。就同一性质的利益结构而言，也因利益受众的不同存在明显差异。流域上、中、下游存在生态利益的明显区别，生产、生活、生态之间也存在经济利益的巨大差异。这种失衡在客观上是一定存在的且应该是可控的，但问题在于利益性质和利益分配的严重失衡，改变了利益结构的自我调整机制，使利益结构变得不可控[56]。

2. 利益主体错位

一个良好的利益格局应该是在这一格局之下，利益会调整流向占比最大的那部分主体。在沱江流域水污染治理中，占比最大的显然是流域居民。在利益调整的"非帕累托改进"的过程中，他们理所当然应该是主要受益者[57]。但事实上，在沱江流域水污染治理中的主要受益者并非流域居民，主体之间存在明确的闭合界限，权力、资源、财富绝大部分掌握在政府和企业手里，并形成通过垄断获取利益的路径依赖，使得优者愈优，同时也阻断了利益群体之间的交互流动，以利益为纽带的阶层结构出现了固化的倾向。

3. 利益冲突激化

从利益实现过程来看，不同主体实现自身利益的能力和效果存在明显差异。处于弱势的流域居民无法参与到事关切身利益的政策制定中，难以找到流域排污企业负责人进行当面对质与谈判，原本制度化的争端解决机制——司法与信访制度也日益显现出局限性。而流域排污企业由于拥有雄厚的财力和广阔的人脉关系，能影响甚至决定最终的结果。这种实现自身利益诉求能力的巨大差异，使得普通公众的利益表达难以实现，但矛盾并未平缓，社会大众可能会采取非制度化的、更为极端的渠道表达利益诉求，导致矛盾激化、冲突加剧。

4. 利益补偿机制缺失

从利益实现结果来看，利益的冲突和博弈最终表现为利益的再分配，既有人受损，也有人得利。为保证利益再分配的公平性，有必要建立利益补偿机制，确保利益受损者得到补偿。这种补偿制度不能等同于社会保障制度，也不应完全市场化。行政计划与市场边界在哪里？如何破解阻力？具体运作方式如何？这些问题都仍待研究和完善。目前来看，这一机制还没有建立起来。2004 年沱江流域重大污染事件即是例证之一。虽然最后对相关责任者进行了处罚，但利益的补偿机制并没有充分介入。自沱江水污染事故发生后，由于行政力量的干预，资阳市雁江区受害群众和受到污染影响的企业放弃了索赔要求；当地渔民虽有对污染赔付数额不满的，但也因找不到法律援助而无人提出诉讼要求[58]。

### （三）利益格局的发展趋势

**1. 利益主体的协作与对立**

随着我国生态文明建设的逐步深入，中央政府对环境治理的力度加大，督察更严，处罚趋重，使得地方政府承受了巨大压力。考核目标的转变让各级地方政府从之前的各自为政、分割治理向协作治理、联防联治转变。目前，沱江流域 7 市都已出台水污染治理的行动方案，建立了定期联席会商机制，形成了干支流、上下游、左右岸联合整体治理的态势[59]。但在重压之下排污企业生存愈加困难，这将造成企业与地方政府、居民之间更加对立，甚至出现极端行为。如何妥善安抚流域排污企业、解决其后顾之忧是地方政府今后应慎重考虑的问题。

**2. 利益目标的融合与分化**

沱江流域水体的严重污染是经济利益与生态利益、社会利益冲突的后果。其根源之一是地方政府经济发展规划与环境治理的脱节[60]。政府既是"行政人"，也是"经济人"，虽然都具有增进社会公共利益的共同目标，但也追求各自区域的个人利益（政绩）。尽管政府制定了一系列治理规划和方案，如间断式生产等来控制污染排放，但区域产业布局并未发生重大变动，水污染的隐患仍然存在。目前，这一状况出现转机。随着新考核办法的修订，经济目标与生态目标不再直接对立，地方政府有望重新调整产业布局规划，使经济目标与生态目标得以协调。

**3. 利益分配的垄断与竞争**

协作治理的目的是利益共享。但由于地方政府在权力、资源、信息等方面拥有天然优势，其在当前利益分配机制中居于垄断地位。企业、非营利组织较少参与，甚至当地居民无法参与利益分配。这一权利格局短时间内不会改变，从而影响参与协作治理者的积极性。另外，流域上下游的地方政府在行政区经济的影响下，对治污利益存在竞争性。为取得垄断收益，多采用地方保护政策，在跨区域行政执法、市场准入制度、跨区域经济主体待遇等方面设置壁垒[33]。在这种地方主义、条块分割的情况下，流域水污染治理的整体利益难以得到保证。

# 第五章　沱江流域水污染治理利益冲突对主体行为的作用机理研究

不同利益主体都有其自身的利益诉求和多重利益目标，不可避免会产生冲突与博弈，从而影响水污染治理的效率与效益。本章旨在从三个层面把握沱江流域水污染治理过程中的利益冲突类型，剖析在利益冲突下治理主体的利益偏好和行为选择，并揭示利益冲突对主体行为的作用机理。

## 一、沱江流域水污染治理利益冲突分析

### （一）中央政府、地方政府与企业之间的利益冲突

对企业而言，政府在面对流域水污染治理问题时处于主导地位，既是责任主体也是监管主体，要负责流域水污染治理政策的制定和政策执行过程中的监管。而在这一过程中政府的角色又有不同的划分，中央政府和地方政府对企业在生产和治污过程中基于自己不同的立场，如环境的可持续发展、政绩或者私人利益等将会出现不同的利益追求，这将会导致各级地方政府对企业生产以及治污产生相关的利益冲突。

中央政府在面对流域水污染治理时更多的是从国家长远整体利益出发，是社会公共利益坚定的捍卫者和维护者。党的十九大以来，国家提出把恢复长江生态环境摆在压倒性位置，也证明中央政府目前对于生态文明建设和水

污染治理的高度重视。中央政府针对企业生产排放污染行为的态度是防范和严厉禁止，如第十届全国人民代表大会常务委员会通过的《中华人民共和国水污染防治法》，进一步加大了水污染处罚力度，提高了企业违规排污的处罚金额，同时也大力加强地方政府对企业排污现象的监管以及鼓励和支持地方政府和企业自身对于流域水污染的治理[61]。

地方政府接受中央政府的领导，完成中央政府下达的行政命令，但是由于地方政府领导的任期制，地方政府为了自身的政绩诉求或领导干部自身的私人利益往往不能很好地权衡经济利益与生态环境的关系，而更加注重地区短期的经济效益[52]。若企业面临巨额的排污处罚或者提供高成本的治污行为，企业的利润大幅缩减甚至微小企业面临强制关闭的处罚，当地的经济效益不免有所波及，因此一旦中央政府出现监管不到位的情况，地方政府与企业之间便很可能会出现"政企合谋"的现象。中央政府在对相关政策执行进行监管时更多依据的是地方政府提供的信息，因此地方政府相较于中央政府具有一定的信息优势，一旦出现"政企合谋"的现象时，地方政府可能隐瞒、包庇企业排污数据，或者在相关政策执行时，处罚力度达不到政策标准[53]。

与此同时，地方政府之间分权程度越大，不同利益主体之间又会有新的矛盾，这也会导致不同级别的政府在监管企业生产排污、治污行为和执行违规排污处罚时有着不同的利益冲突。

### （二）上游、中游与下游地方政府之间的利益冲突

一条河流绵延不断、流域广泛，通常又分为上、中、下游，纵横交叉多个行政单位。上、中、下游的地区享有同一个流域的水资源，而一条河流的污染物通常又是由上游和中游排放，随着河流的流动而向下游不断堆积，造成中下游地区的生态环境遭到严重破坏。然而，在面对同样的水污染治理问题时，上、中、下游的地方政府都会自觉或不自觉地从自身利益出发，因此会出现较大的利益冲突。

对上游的地方政府来说，为了推动本地区经济发展和 GDP 增长，更多的是考虑本地区的经济效益，而会忽视在发展经济过程中对水资源不断造成的污染以及因此而不断下降的生态效益。由于河流是不断流动的，污染物会随着河流的流动不断向中下游排放，最终堆积在下游地区，因此水污染对上游

地区的生态环境来说，并没有产生较大的负面影响。如果上游的地方政府要参与水污染治理，其治污成本必将加重自身财政负担，且治污成果还要与中下游的地方政府共享，由此可以看出上游的地方政府参与流域水污染治理并不能给当地带来经济效益或者是生态效益。因此，上游的地方政府政府在面对流域水污染治理问题时，更多采取的是消极态度或处于水污染治理的被动状态。

大部分中游地区也同上游地区一样在提高当地经济效益的同时对水体产生了污染，但是即使中游地区承接上游地区所带来的污染，该流域污染依旧会随着河流继续向下游地区排放。因此，对中游地区而言，水污染问题也并没有对该地区的生态环境造成较大负面影响，中游的地方政府在自身排放污染带来经济利益的情况下，对水污染治理的偏好也依旧是消极和被动态度。

下游地区处于河流地势较低处，承接上、中游排放的多重污染，所受水污染的影响最大，会产生生活用水被污染、生态环境遭到破坏等一系列问题。因此，下游的地方政府在面对经济效益和生态效益两种决策时，应该优先考虑的是改善当地生态环境，对水污染问题进行及时治理。然而，下游的地方政府在对流域水污染进行治理的过程中会产生较高的治污成本，并且即便耗费大量治污成本也不能根治水污染问题，因为流域水污染的根本原因是上游地区以及中游地区的污染物排放。倘若上游地区以及中游地区不对水污染问题进行治理，无论下游的地方政府采取什么样的措施，都无法改变水污染情况。而若为了下游地区的生态环境改善，一味禁止上游地区的污染物排放，也会造成上游地区的经济发展滞后，出现"水源地贫困"的状况[62]。

在水污染治理过程中，上、中、下游地区也存在政府间的补偿支付行为，即"谁污染，谁付费"的原则。在进行转移支付时，上、中、下游的地方政府之间的补偿费用与利益分配问题也同样会加深上、中、下游的地方政府之间的利益冲突[63]。

因此，面对水污染治理这一复杂的情况，我们要从上、中、下游多方考虑，上、中游地区同下游地区一同参与水污染治理。也可以引入"第三方机构"参与水污染治理，综合考虑多种因素。只有这样，才能从根本上解决水污染问题。

### （三）生产、生活与生态之间的利益冲突

尽管政府在水污染治理中处于主导地位，但是在党的十九大会议上，习近平总书记指出我国也要形成以政府为主导、企业为主体、公众共同参与的环境治理体系。由此可见，我们也不能忽视企业以及公众在水污染治理过程中角色扮演的作用。

企业运营的目的是生产效益的最大化，地方政府依赖企业的生产促进当地的经济效益，企业需要当地政府在政策上的扶持激励。然而，这一切都是建立在企业对环境无害的基础上的。企业为了自身的经济利益会不惜破坏自然环境，而政府作为当权者不仅应该考虑一个地区的经济发展，还要兼顾当地的生态环境，这不免出现了企业与政府之间的利益冲突。企业与政府之间的信息不对称也造成政府依赖企业内部的生产以及排污、治污的一手数据，而企业为了自身利益，可能出现隐瞒真实情况或者出现偷排污染等情况，造成政府不能真实掌握污染源排放以及监管不到位的情况。

企业与政府存在"零和"与"合谋"的关系[64]。在中央政府监管不严的情况下，如果地方政府以短期经济利益为中心，那么企业和政府很有可能会出现"政企合谋"；如果政府同样重视生态环境，那么企业便会遭到政府一系列的强制措施以及处罚来实现水污染的治理，两者之间的利益冲突达到最大化。

公众作为社会中最广大基层的群体，在污染治理中的角色也不可忽视。生态环境的破坏与改善都与公众的日常生活息息相关。那么，企业作为流域水资源的排污主体，将自身企业经济利益的发展放在第一位必然与公众对于拥有良好的生态环境和健康的生活用水的利益诉求产生相反的利益冲突。

对于公众与政府之间关于流域水污染治理的利益冲突，则表现为政府对水污染治理的态度以及水污染治理能力的高低影响公众对政府执政能力的评价。当水污染特别严重危害到生活饮用以及生态环境时，公众强烈的不满情绪会引发大规模群体事件，这对政府的形象会产生极大的负面影响。在短期内，当政府无法实现生态环境的改善，抑或是没有对公众给予一定的生态补偿以平复公众的不满情绪时，政府与公众的利益冲突会更加激化。

## 二、利益冲突下各利益相关者的行为特征

### （一）中央政府的行为特征

水污染问题作为环境问题的一类，从属于公共问题，而对于公共问题而言，仅靠公众或者组织自发应对，往往是不能够解决的。公共问题只能交由政府监管，由政府出台政策强制规范引导，才能够从根本上解决问题。改革开放 40 多年来，我国经济发展取得巨大进步，但以往多以生态环境的牺牲为代价。党的十八大以来，在习近平生态文明思想指导下，在"绿水青山就是金山银山"的新发展理念指引下，中央政府高度重视生态文明建设，并提出打赢"碧水蓝天"保卫战。

近年来，针对水污染治理，中央政府也将重心向技术层面转移。2014 年环境保护部出台《关于推荐先进水污染治理技术的通知》，2015 年环境保护部发布《国家先进污染防治示范技术名录（水污染治理领域)》和《国家鼓励发展的环境保护技术目录（水污染治理领域)》公告。面对水环境破坏较为严重的流域，水污染治理不再是简单的治污行为而是一项严峻复杂的工程，因此需要众多专家、学者对水污染治理进行全方位的技术分析，通过合理有效的方案彻底解决水污染问题。

中央政府除了出台相关水污染治理政策外，还要监管水污染治理政策的执行。我国国土辽阔，行政单位众多，而水污染的信息获取途径单一且复杂，中央政府具有信息劣势。因此，中央政府要实现水污染治理的有效监督，需要较高的检查成本，需要耗费大量的人力、物力以及财力。不仅如此，在水污染治理检查过程中，具体细节的检查标准、检查频率、检查对象等的确立又是一项复杂的工作，这对中央政府来说是个巨大的挑战。

### （二）地方政府的行为特征

地方政府的任务是负责完成中央政府的指令。但是，中央政府在面对水污染问题时只能出台大方针、大政策，对具体流域的治理，则需要地方政府根据具体流域的污染原因以及污染情况，因地制宜、对症下药。2017 年海南省三亚

市人民政府出台的《三亚市内河（湖）水污染治理检查整治工作方案》和2018年宁夏回族自治区石嘴山市人民政府出台的《石嘴山市2018年11～12月水污染治理攻坚行动方案》，都对该行政单位所有河湖流域的污染源、水质、污染处理设施等方面进行了详细系统的分析，这都将有利于该地区水污染有效的治理。

与此同时，随着河长制的推广实行，尽管明确了各个地区以及不同行政层级之间的责任，但是就目前而言，河长制更多的还是考虑所属该行政单位的流域的污染问题，面对整个流域的水污染治理，河长之间缺乏有效的沟通合作，"政企合谋"的现象也比比皆是。各级河长之间对于水污染治理的监控也显得尤为重要，不仅是中央政府，地方政府之间的层层约束监督也更能在源头上处理好水污染质量问题，如把水污染治理成效作为地方领导政绩的考核指标，这将大大提高水污染治理的有效性。

### （三）企业的行为特征

企业在水污染治理中同样占据着重要地位。企业不仅是水污染的排放源头，也是水污染治理的先锋。企业可划分为大型企业与微小型企业。大型企业拥有良好完善的运营模式，获利充分，有足够的资金购买污染物处理设备，能从源头上处理流域污染物；而微小型企业利润单薄，不仅无法支付高额的违规排放污染成本，也无力购买任何污染物处置设备。从态度上来说，大型企业为了自身企业的良好形象以及企业的长远发展，会积极、主动地参与水污染的治理；而微小型企业则更多是考虑当前企业的利益问题而被动强制参与水污染治理，或者是依旧进行偷排污染物的行为。同时，大小企业之间的水污染治理也存在"智猪博弈"的情况，小企业只需等待，搭大企业的"便车"，便可坐享其成，享受水污染治理的成果[65]。

面对水污染治理，企业内部也存在诸多困难。如水污染的治理技术要求严格，一般水污染设备不能轻易达到标准，而购买先进水污染处理设备，又要耗费大量的成本，甚至造成守法成本高于违法成本现象，容易导致企业逆向而行，违法乱纪。此外，有些企业即使遵守了政府的政策要求，企业内部环保意识依旧不强，并没有成立专门的水污染治理小组，污染处理设备的购买和使用也只是为了应付政府部门的检查。

当然，水污染治理也加快了企业生产方式的转型，从传统的高污染产业转向低耗能环保的新型产业，能为企业带来相应的经济效益，从而促进了我国产业内在结构的优化升级。

### （四）公众的行为特征

在水污染治理过程中，很多时候公众扮演着两种角色：一种是水污染的制造者，另一种是水污染的保护者。作为水污染的制造者，公众每天产生的大量生活废水和生活垃圾排入河湖流域成为造成流域水污染的直接"凶手"；作为水污染的保护者，大多数群众重视良好的饮用水质以及较好的生活生态环境，环保意识越来越强。公众作为社会基数最大的群体，存在个体、团体组织、专家学者等多种类型，各自以其适合的形式参与水污染治理环保活动。

个体和团体组织参与水污染治理形式有监督、信访、投诉以及一些私人资本家对水污染治理活动进行资本投入，不过大部分公众在参与水污染治理时都存在"末端参与"以及处于事后治理现象，也不能对流域水污染问题从根本上铲除[66]。专家、学者则大多数是和政府一起从政府的角度向政府建言献策，提出水污染治理在理论上和技术上的观点对策。而公众以诉讼、信访等形式参与水污染治理时，政府与公众之间的互动性较差，大部分公众反馈给政府的信息在政府收到后便没有下文。另外，公众在提供了有效水污染治理信息时，政府也并没有建立相关的补偿奖励机制，这都导致公众在参与水污染治理过程中存在较低的积极性。而当公众的环境诉求以及自身利益持续得不到满足时，公众与政府之间便会产生利益冲突。

个体在社会生活中，无论是工作利益还是家人亲情都与企业之间有着密切的联系，因此大部分个体的行为特征和企业一样，都是从自身的利益出发的。而团体组织形式的环保组织大多数规模不大，水污染治理途径十分单一，水污染治理效果一般，对社会水污染治理观念的形成产生的影响较小。

### 三、各利益相关者治污行为发生的动因分析

政府、企业和公众作为利益相关者，驱使他们的水污染治理行为有多种多样的因素，都各自从自身的利益出发进行水污染治理行为。

政府又分为中央政府和地方政府。中央政府和地方政府尽管都作为人民

的当家人，但是两者在面对水污染治理时自身利益也存在不同。中央政府一定是从国家长远、可持续发展角度出发，综合考虑国际社会以及我国现实经济环境发展情况、人民的生活条件水平，站在大局的角度。而地方政府进行水污染治理首先是接受中央政府以及上级政府的指令，遵照水污染治理做相关法律法规，完成上级下达的水污染治理任务。从这个方面来看，地方政府处于被动治理水污染状态，当然，也有地方政府主动治理水污染的情况。地方政府对此的考核往往以经济指标为衡量因素，为此不少地方政府不重视当地的生态环境问题。而近年来随着国家越来越重视生态环境，将流域水污染情况好坏和水污染治理成效等一系列环保指标纳入地方政府的政绩考核，促进了地方政府积极、主动地改善当地生态环境以及参与水污染治理。

此外，当本地流域水污染情况十分严重时，会对本地区生态环境和人民日常生活造成极大影响，会出现公众不满情绪日益上涨和要求尽快改善流域水污染的呼声越来越高的情况，对地方政府的形象产生负面影响，出现公众倒逼政府参与水污染治理的现象；同时，也存在政府作为老百姓的"父母官"，不是单一看重经济效益或自身政绩利益诉求，而是为了人民幸福生活指数的提升，主动、积极参与水污染治理的现象。

企业参与水污染治理首先是为了应对政府出台的政策要求，为了免除政府高额的罚金进而降低企业生产成本，提高企业经营利润。同时，也存在上文所说的大型企业，在自身已拥有完备的生产经营模式时，企业更加注重的是其面对公众、政府的良好形象的提升以及其内部优良文化的建设，这都将导致企业主动参与水污染的治理。在进行水污染治理过程中，企业会对水污染治理方面加大研发支出，如聘请相关领域的专家对企业自身产品进行技术创新从而减少污染物排放以及开展相应的绿色创新活动。这一系列行为很有可能为企业带来相应的经济效益，如提高产品生产效率和产品质量，降低生产成本。

公众在参与水污染治理时，更多是为了自身生活环境提升的利益要求，保障自身的公民权利，因此大部分公众参与水污染治理是主动参与，如参加或者组织水污染治理防范的公益活动。同时，有些地方政府出台相应政策，对公众主动参与水污染治理的行为进行奖励补偿，这也会提高公众参与水污染治理的积极性。随着公众参与水污染治理等环保活动的数量越来越多、规模越来越大，对水污染治理来说，将是有效的约束。

# 第六章　沱江流域水污染治理中的政府
# 和企业行为演化研究

本章主要通过构建演化博弈模型、辨析政府和企业在水污染治理中的博弈行为关系，从理论上解释政府水污染治理监管行为和企业水污染治理参与行为的演化过程。

## 一、地方政府与企业的行为博弈研究

### （一）场景设定

本书研究对象是沱江流域水污染治理中存在各种利益冲突的主体，如政府、企业和公众，各个利益主体之间存在多种不同的利益冲突，因此不同利益主体具有不同的行为特征以及主体之间的关系演化也存在不同。如图 6 - 1 所示，政府、企业和公众三大利益主体面对水污染治理形成交叉网络关系。政府在污染治理行为中起着明确的主导作用。中央政府站在国家环境问题全局的角度，为了更好地约束水污染治理行为，出台水污染治理法律法规、政策，并按照水污染法律法规和政策的规定，对下级所属各地方政府进行监管，下级政府上承中央政府的命令，并接受中央政府的监管。地方政府的监管对水污染治理成效起着直接作用。但是，一些地方政府在环境效益和经济效益之间选择了经济效益而与企业出现合谋现象，"政企合谋"将对水污染治理产生重大的负面影响，因此地方政府水污染治理行为的演化将对水污染治理产生显著的影响。

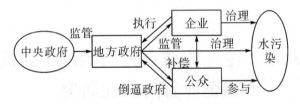

**图6-1　不同利益主体之间的关系**

企业既是流域水污染的主体也是水污染治理环节中的主体，是水污染治理的直接参与者，而企业作为一名理性经济人，利润最大化是企业的主要目标。因此，在没有地方政府等外力的影响下，企业对水污染治理的行为将采取不监管态度。

地方政府与企业作为水污染治理的重要主体，两者的行为关系演化也是水污染治理的重要研究对象。地区生产总值、环保等因素都会影响政府对企业水污染治理的不同监管行为。企业在地方政府不同标准的监管下，出于对自身形象的考虑会采取不同的治理行为。因此，地方政府对水污染治理的策略分为两种：一是监管，二是不监管。企业对水污染治理也存在两种策略：治理和不治理。地方政府和企业之间的策略组合如表6-1所示。

**表6-1　地方政府和企业水污染治理的策略组合**

| 地方政府 | 企业 | |
|---|---|---|
| | 治理 | 不治理 |
| 监管 | 监管，治理 | 监管，治理 |
| 不监管 | 不监管，治理 | 不监管，不治理 |

根据地方政府与企业之间的策略组合以及相关法律法规对水污染治理行为策略的规定，做出以下博弈参数假设：

（1）地方政府会对企业进行监管，但是地方政府作为利益相关者，不同情境下的利益诉求不同，因此地方政府具有不同的监管力度。设地方政府的监管力度系数为 $a$（$0 \leq a \leq 1$），当地方政府在对企业水污染治理进行监管时会付出的相应监管成本为 $C_1$，地方政府的成本函数为 $aC_1$。

（2）假设企业最终的水污染治理结果为 $M$，但治理的结果由多种因素构成，企业在进行水污染治理时，企业规模等因素会造成不同的企业具有不同的治理能力，因此假设企业自身的治理能力系数为 $k$（$0 \leq k \leq 1$）。企业在进行水污染治理时，治理设备的购入、生产净化率的提高等都是企业为水污染治理付出的努力，因此假设企业在地方政府不监管情况下的水污染治理的努力系数为 $e_1$（$0 \leq e_1 \leq 1$），企业在地方政府监管情况下的水污染治理的努力系数为 $e_2$（$0 \leq e_2 \leq 1$）。企业的水污染治理结果是企业的治理能力与企业的努力系数共同作用的结果，那么在政府不监管的情况下 $M_1 = ke_1$，在地方政府监管的情况下 $M_2 = ke_2$。然而，在地方政府监管的情况下，企业的水污染治理努力一定是大于地方政府不监管的情况，因此 $e_2 > e_1$，从而 $M_2 > M_1$。

（3）地方政府的收益与企业的收益都取决于企业治理水污染的结果 $M$，但是地方政府与企业的收益函数不相一致。假设地方政府对于企业治理结果的收益系数为 $\theta_1$（$0 \leq \theta_1 \leq 1$），企业由于自身水污染治理的收益为系数 $\theta_2$（$0 \leq \theta_2 \leq 1$），那么地方政府的收益为 $\theta_1 M$、企业的收益为 $\theta_2 M$。

（4）企业在进行水污染治理时所投入的成本为 $C_2$，企业最终的成本与企业治理的努力系数 $e$（$0 \leq e \leq 1$）有关，由于具有不同的企业治理努力系数 $e_1$、$e_2$，因此假设企业的成本函数为 $\frac{1}{2} C_2 (e_1)^2$、$\frac{1}{2} C_2 (e_2)^2$ [67]。

（5）根据《四川省沱江流域水环境保护条例》的规定，省人民政府建立健全沱江流域生态保护补偿机制，有条件的地方探索建立由政府主导、企业和社会参与、市场化、多元化、可持续的生态保护补偿机制，因此地方政府为了鼓励企业进行水污染治理，会对企业的水污染治理行为制定相应的补偿措施。假设地方政府对企业的补偿系数为 $\beta$（$0 \leq \beta \leq 1$），但是对企业的补偿会依据企业水污染治理的结果或者企业付出的成本。根据沱江流域当地政府的一些措施，大部分地方政府的法规是根据企业对治理设备、技术的投入而补偿相应的比例，降低企业的治理成本，所以地方政府对企业的补偿为 $\frac{1}{2} \beta C_2 (e)^2$ [67]。

（6）根据地方政府出台的相关水污染政策法规，$D$ 为治理成果的基本要求，当企业治理水污染的结果 $M$ 未超过 $D$ 时，地方政府给予企业相应的处罚；

当 $M$ 大于 $D$ 时，惩罚则不存在。为了简化模型，此处默认 $M$ 小于 $D$，处罚的系数为 $\gamma(0 \leqslant \gamma \leqslant 1)$，企业受到地方政府的处罚为 $\gamma(D - M)$。当企业选择不治理水污染策略时，企业的治理结果 $M$ 为 0，企业遭受到政府的处罚为 $\gamma D$。

由此，在企业治理下，地方政府监管的支付函数为

$$\theta_1 M_2 + a\gamma(D - M_2) - \frac{1}{2}\beta C_2 (e_2)^2 - aC_1$$

地方政府不监管的支付函数为 $\theta_1 M_1$。

在企业不治理下，地方政府监管的支付函数为

$$a\gamma D - aC_1$$

地方政府不监管的支付函数为 0。

在地方政府监管下，企业治理的支付函数为

$$\theta_2 M_2 - \frac{1}{2}(1 - \beta) C_2 (e_2)^2 - a\gamma(D - M)$$

企业不治理的支付函数为 $-a\gamma D$。

在地方政府不监管下，企业治理的支付函数为

$$\theta_2 M_1 - \frac{1}{2}C_2 (e_1)^2$$

企业不治理的支付函数为 0。

### (二) 博弈模型的构建

假设地方政府监管的概率为 $x$，则地方政府不监管的概率为 $1 - x$；假设企业治理的概率为 $y$，则企业不治理的概率为 $1 - y$。由此，可得到如表 6 - 2 所示的支付矩阵。

表 6 - 2　地方政府和企业水污染治理的支付矩阵

| 地方政府 | 企业 | |
| --- | --- | --- |
| | 治理（y） | 不治理（1 - y） |
| 监管<br>（x） | $\theta_1 M_2 + a\gamma(D - M_2) - \frac{1}{2}\beta C_2 (e_2)^2 - aC_1$<br>$\theta_2 M_2 - \frac{1}{2}(1 - \beta) C_2 (e_2)^2 - a\gamma(D - M_2)$ | $a\gamma D - aC_1$<br>$- a\gamma D$ |

表6-2(续)

| 地方政府 | 企业 | |
|---|---|---|
| | 治理（y） | 不治理（1-y） |
| 不监管<br>（1-x） | $\theta_1 M_1$<br>$\theta_2 M_1 - \dfrac{1}{2}C_2(e_1)^2$ | 0<br>0 |

### （三）演化稳定策略求解

为进一步分析地方政府管理制度的演变与企业治污行为的演化，设 $U_{11}$ 为地方政府监管的期望，$U_{12}$ 为地方政府不监管的期望，$U_{21}$ 为企业治理的期望，$U_{22}$ 为企业不治理的期望。

根据如表6-3所示的支付矩阵，地方政府采取监管策略的期望收益为

$$U_{11} = y\left[\theta_1 M_2 + a\gamma(D - M_2) - \frac{1}{2}\beta C_2(e_2)^2 - aC_1\right] + (1 - y)\left[a\gamma D - aC_1\right]$$

$$= y\left[\theta_1 M_2 - a\gamma M_2 - \frac{1}{2}\beta C_2(e_2)^2\right] + a\gamma D - aC_1$$

地方政府采取不监管策略的期望为

$$U_{12} = y(\theta_1 M_1) + (1 - y)(0)$$

$$= y(\theta_1 M_1)$$

地方政府的平均期望收益为

$$\overline{U_1} = xU_{11} + (1 - x)U_{12}$$

由此，地方政府采取治理的策略的复制动态方程式为

$$F(x) = \frac{d_x}{dt}$$

$$= x(U_{11} - \overline{U_1})$$

$$= x\left[U_{11} - xU_{11} - (1 - x)U_{12}\right]$$

$$= x(1 - x)(U_{11} - U_{12}) \tag{6-1}$$

$$= x(1 - x)\left[y\left[\theta_1 M_2 - a\gamma M_2 - \frac{1}{2}\beta C_2(e_2)^2\right] + a\gamma D - aC_1 - y(\theta_1 M_1)\right]$$

$$= x(1 - x)\left[y\left(\theta_1 M_2 - \theta_1 M_1 - a\gamma M_2 - \frac{1}{2}\beta C_2(e_2)^2\right) + a\gamma D - aC_1\right]$$

同理，企业采取治理的期望收益为

$$U_{21} = x\left[\theta_2 M_2 - \frac{1}{2}(1-\beta)C_2(e_2)^2 - a\gamma(D-M_2)\right] + (1-x)\left[\theta_2 M_1 - \frac{1}{2}C_2(e_1)^2\right]$$

$$= x\left(\theta_2 M_2 - \theta_2 M_1 - \frac{1}{2}C_2(e_2)^2 + \frac{1}{2}\beta C_2(e_2)^2 + \frac{1}{2}C_2(e_1)^2 - a\gamma(D-M_2)\right) +$$

$$\theta_2 M_1 - \frac{1}{2}C_2(e_1)^2$$

企业采取不治理的期望收益为

$$U_{22} = x(-a\gamma D) + (1-x)0$$

$$= x(-a\gamma D)$$

企业平均期望收益为

$$\overline{U_2} = yU_{21} + (1-y)U_{22}$$

企业采取监管策略的复制动态方程式为

$$F(y) = \frac{d_y}{dt} = y(U_{21} - \overline{U_2})$$

$$= y\left[U_{21} - yU_{21} - (1-y)U_{22}\right]$$

$$= y(1-y)(U_{21} - U_{22})$$

$$= y(1-y)\left[x\left(\theta_2 M_2 - \theta_2 M_1 - \frac{1}{2}C_2(e_2)^2 + \frac{1}{2}\beta C_2(e_2)^2 + \frac{1}{2}C_2(e_1)^2 - a\gamma(D-M_2)\right) + \theta_2 M_1 - \frac{1}{2}C_2(e_1)^2 - x(-a\gamma D)\right]$$

$$= y(1-y)\left[x\left(\theta_2 M_2 - \theta_2 M_1 - \frac{1}{2}C_2(e_2)^2 + \frac{1}{2}\beta C_2(e_2)^2 + \frac{1}{2}C_2(e_1)^2 + a\gamma M_2\right) + \theta_2 M_1 - \frac{1}{2}C_2(e_1)^2\right] \qquad (6-2)$$

针对企业采取治理策略的复制动态方程，令 $\frac{d_x}{dt}=0$，可得

$$x_1{}^* = 0 \quad x_2{}^* = 1$$

$$y^* = \frac{aC_1 - a\gamma D}{\theta_1 M_2 - \theta_1 M_1 - a\gamma M_2 - \frac{1}{2}\beta C_2(e_2)^2}$$

针对地方政府采取监管的复制动态方程，令 $\dfrac{d_y}{dt}=0$，可得

$$y_1{}^* = 0 \quad y_2{}^* = 1$$

$$x^* = \frac{\dfrac{1}{2}C_2\,(e_1)^2 - \theta_2 M_1}{\theta_2 M_2 - \theta_2 M_1 - \dfrac{1}{2}C_2\,(e_2)^2 + \dfrac{1}{2}\beta C_2\,(e_2)^2 + \dfrac{1}{2}C_2\,(e_1)^2 + a\gamma M_2}$$

根据 Friedman 提出的方法，对于由式（6-1）和式（6-2）描述的演化系统，其局部均衡点的稳定性可以通过构建该系统的雅可比矩阵分析得出，若均衡点对应雅可比矩阵的行列式大于 0、迹小于 0，则为稳定点；若均衡点对应雅可比矩阵的行列式小于 0、迹大于 0，则为不稳定点；若迹等于 0，则为鞍点[68]。对式（6-1）和式（6-2）分别求 $x$、$y$ 的偏导，得系统的雅可比矩阵：

$$J = \begin{bmatrix} \dfrac{\partial F(x)}{\partial x} & \dfrac{\partial F(x)}{\partial y} \\[2mm] \dfrac{\partial F(y)}{\partial x} & \dfrac{\partial F(y)}{\partial y} \end{bmatrix}$$

其中：

$$\frac{\partial F(x)}{\partial x} = (1-2x)\left[ y\left(\theta_1 M_2 - \theta_1 M_1 - a\gamma M_2 - \frac{1}{2}\beta C_2\,(e_2)^2\right) + a\gamma D - aC_1 \right]$$

$$\frac{\partial F(x)}{\partial y} = x(1-x)\left(\theta_1 M_2 - \theta_1 M_1 - a\gamma M_2 - \frac{1}{2}\beta C_2\,(e_2)^2\right)$$

$$\frac{\partial F(y)}{\partial x} = y(1-y)\left(\theta_2 M_2 - \theta_2 M_1 - \frac{1}{2}C_2\,(e_2)^2 + \frac{1}{2}\beta C_2\,(e_2)^2 + \frac{1}{2}C_2\,(e_1)^2 + a\gamma M_2\right)$$

$$\frac{\partial F(y)}{\partial y} = (1-2y)\left[ x\left(\theta_2 M_2 - \theta_2 M_1 - \frac{1}{2}C_2\,(e_2)^2 + \frac{1}{2}\beta C_2\,(e_2)^2 + \frac{1}{2}C_2\,(e_1)^2 + a\gamma M_2\right) + \theta_2 M_1 - \frac{1}{2}C_2\,(e_1)^2 \right]$$

根据不同的收益成本条件，地方政府与企业会进行不同的水污染监管和治理策略，分为如下几种情况：

（1）当 $y^* < 0, x^* < 0$，即 $aC_1 - a\gamma D > 0, \theta_1 M_2 - \theta_1 M_1 - a\gamma M_2 - \dfrac{1}{2}\beta C_2(e_2)^2 <$

0，且 $\theta_2 M_2 - \theta_2 M_1 - \frac{1}{2} C_2(e_2)^2 + \frac{1}{2}\beta C_2(e_2)^2 + \frac{1}{2} C_2(e_1)^2 + a\gamma M_2 < 0$，

$\frac{1}{2} C_2(e_1)^2 - \theta_2 M_1 > 0$，地方政府与企业水污染治理博弈动态系统有 $O(0, 0)$、$A(1, 0)$、$B(0, 1)$、$C(1, 1)$ 4个局部均衡点，稳定性分析结果如表 6-3 所示，表明企业的治理所耗费的成本大于收益，地方政府的监管所付出的成本大于收益水污染治理的最终演化成果是企业不治理、政府不监管。

表 6-3　各均衡点的稳定性分析

| 均衡点 | DetJ 的符号 | TrJ 的符号 | 结果 |
| --- | --- | --- | --- |
| $O(0, 0)$ | + | − | ESS |
| $A(1, 0)$ | − | 不确定 | 鞍点 |
| $B(0, 1)$ | − | 不确定 | 鞍点 |
| $C(1, 1)$ | + | + | 不稳定 |

（2）当 $y^* < 0, x^* < 0$，即 $aC_1 - a\gamma D > 0, \theta_1 M_2 - \theta_1 M_1 - a\gamma M_2 - \frac{1}{2}\beta C_2$ $(e_2)^2 < 0$，且 $\theta_2 M_2 - \theta_2 M_1 - \frac{1}{2} C_2(e_2)^2 + \frac{1}{2}\beta C_2(e_2)^2 + \frac{1}{2} C_2(e_1)^2 + a\gamma M_2 > 0$，$\frac{1}{2} C_2(e_1)^2 - \theta_2 M_1 < 0$，稳定性分析结果如表 6-4 所示，表明在企业的治理所耗费的成本如治理成本小于获取的环境收益以及政府的补偿，地方政府的监管所付出的成本如监管成本、补偿成本大于获取的环境收益以及收取的补偿，水污染治理的最终演化成果是企业治理、政府不监管。

表 6-4　各均衡点的稳定性分析

| 均衡点 | DetJ 的符号 | TrJ 的符号 | 结果 |
| --- | --- | --- | --- |
| $O(0, 0)$ | − | 不确定 | 鞍点 |
| $A(1, 0)$ | + | + | 不稳定 |
| $B(0, 1)$ | + | − | ESS |
| $C(1, 1)$ | + | 不确定 | 鞍点 |

（3）当 $y^* < 0, x^* < 0$，即 $aC_1 - a\gamma D < 0, \theta_1 M_2 - \theta_1 M_1 - a\gamma M_2 - \frac{1}{2}\beta C_2(e_2)^2 > 0$，且 $\theta_2 M_2 - \theta_2 M_1 - \frac{1}{2} C_2(e_2)^2 + \frac{1}{2}\beta C_2(e_2)^2 + \frac{1}{2} C_2(e_1)^2 + a\gamma M_2 < 0$，

$\frac{1}{2}C_2(e_1)^2 - \theta_2 M_1 > 0$，稳定性分析结果如表 6 - 5 所示，表明在企业的治理所

耗费的成本如治理成本大于获取的环境收益以及政府的补偿，地方政府的监

管所付出的成本如监管成本、补偿成本小于获取的环境收益以及收取的补偿，

水污染治理的最终演化成果是企业不治理、政府监管。

表 6 - 5　各均衡点的稳定性分析

| 均衡点 | DetJ 的符号 | TrJ 的符号 | 结果 |
|---|---|---|---|
| $O\ (0,\ 0)$ | − | 不确定 | 鞍点 |
| $A\ (1,\ 0)$ | + | − | ESS |
| $B\ (0,\ 1)$ | + | + | 不确定 |
| $C\ (1,\ 1)$ | − | 不确定 | 鞍点 |

（4）当 $y^* < 0, x^* < 0$，即 $aC_1 - a\gamma D < 0, \theta_1 M_2 - \theta_1 M_1 - a\gamma M_2 - \frac{1}{2}\beta C_2(e_2)^2 > 0$，且 $\theta_2 M_2 - \theta_2 M_1 - \frac{1}{2}C_2(e_2)^2 + \frac{1}{2}\beta C_2(e_2)^2 + \frac{1}{2}C_2(e_1)^2 + a\gamma M_2 > 0$，

$\frac{1}{2}C_2(e_1)^2 - \theta_2 M_1 < 0$，稳定性分析结果如表 6 - 6 所示，表明在企业的治理所

耗费的成本如治理成本小于获取的环境收益以及政府的补偿，地方政府的监

管所付出的成本如监管成本、补偿成本小于获取的环境收益以及收取的补偿，

水污染治理的最终演化成果是企业治理、政府监管。

表 6 - 6　各均衡点的稳定性分析

| 均衡点 | DetJ 的符号 | TrJ 的符号 | 结果 |
|---|---|---|---|
| $O\ (0,\ 0)$ | + | + | 不稳定 |
| $A\ (1,\ 0)$ | − | 不确定 | 鞍点 |
| $B\ (0,\ 1)$ | − | 不确定 | 鞍点 |
| $C\ (1,\ 1)$ | + | − | ESS |

（5）当 $0 < y^* < 1, 0 < x^* < 1$，即 $0 < aC_1 - a\gamma D < \theta_1 M_2 - \theta_1 M_1 - a\gamma M_2 - \frac{1}{2}\beta C_2(e_2)^2$，$0 < \frac{1}{2}C_2(e_1)^2 - \theta_2 M_1 < \theta_2 M_2 - \theta_2 M_1 - \frac{1}{2}C_2(e_2)^2 +$

$\frac{1}{2}\beta C_2(e_2)^2 + \frac{1}{2}C_2(e_1)^2 + a\gamma M_2$ 时，地方政府与企业水污染治理博弈动态系统有 $O(0,0)$、$A(1,0)$、$B(0,1)$、$C(1,1)$、$D(x^*,y^*)$ 5个局部均衡点。稳定性分析结果如表 6-7 所示。其中，均衡点 $O(0,0)$ 和 $C(1,1)$ 是演化稳定策略，它们分别对应地方政府监管和企业治理，以及地方政府不监管和企业不治理两种情况。地方政府和企业水污染治理博弈的动态演化过程可由如图 6-2 所示的该演化系统的轨迹示意图描述。折线 BDA 是系统向不同方向演化的临界线，如果初始状态落在 OADB 区域中，系统将逐渐演化到 $O(0,0)$ 点，即地方政府采取不监管策略，企业采取不治理政策；当初始状态落在 ADBC 区域中时，系统将向 $C(1,1)$ 点收敛，即地方政府采取监管策略、企业采取不治理策略。因此，区域 ADBC 可以定义为地方政府与企业水污染治理区域，区域 OADB 可以定义为地方政府与企业水污染不治理区域[69]。

表 6-7　各均衡点的稳定性分析

| 均衡点 | DetJ 的符号 | TrJ 的符号 | 结果 |
|---|---|---|---|
| $O(0,0)$ | + | − | ESS |
| $A(1,0)$ | + | + | 不稳定 |
| $B(0,1)$ | + | + | 不稳定 |
| $C(1,1)$ | + | − | ESS |
| $D(x^*,y^*)$ | − | 0 | 鞍点 |

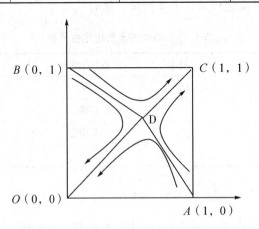

图 6-2　地方政府和企业水污染治理博弈复制动态相位

## 二、纳入上级环保考核约束的各利益相关者行为博弈研究

### (一)场景设定

随着我国经济的不断发展,诸多环境问题也随之产生,特别是水环境的污染问题,许多流域出现严重污染,四川省则以沱江流域水污染问题最为突出。中央政府和四川省政府对水污染控制、治理等问题也日益重视,比如四川省相继出台《四川省饮用水水源保护管理条例》《四川省环境保护条例》《四川省沱江流域水环境保护条例》等一系列法律法规,加强流域当地政府对企业的监管以及对水污染行为进行相应的约束。

然而,地方政府在面对这些法律条规时根据上级政府监管的力度、方式不同,也会选择不同的策略。对地方政府而言,监管企业的水污染治理会耗费较高的成本,并且企业经济效益降低也会给该地经济发展带来一定损失,这将降低地方政府水污染监管的意愿。长期以来,中央政府考核地方政府政绩的标准都为该地区的经济发展指标如 GDP 等,因此很大程度上地方政府会基于自身的利益,进而选择不监管的水污染监管策略。

倘若中央和省级政府在监管地方政府时对地方政府官员的政绩考核加入环保考核等因素,这将大大改变地方政府对水污染治理采取的措施以及面对企业水污染的态度。根据《四川省沱江流域水环境保护条例》第六条的规定,沱江流域水环境保护实行目标责任制和考核评价制度,将水环境保护目标完成情况作为考核评价地方人民政府及相关主管部门的重要内容,并且县级以上地方人民政府对其相关主管部门的考核评价应当征求同级河(湖)长的意见。

在中央和省级政府的监管以及相关法律政策的约束下,地方政府会根据自身政治和经济的利益最大化选择严格监管与放松监管两种策略,不监管的情形则出现较少;企业在面对中央政府与地方政府双重监管的高违规成本情况下也不会出现不治理情形,因此也会出现两种策略:积极治理和消极治理。地方政府和企业之间的策略组合如表6-8所示。

表 6 - 8　地方政府和企业水污染治理的策略组合

| 地方政府 | 企业 | |
|---|---|---|
| | 积极治理 | 消极治理 |
| 严格监管 | 严格监管，积极治理， | 严格监管，消极治理 |
| 放松监管 | 放松监管，积极治理， | 严格监管，消极治理 |

在选择严格监管策略下，地方政府的监管力度系数为 $a$（$a=1$）；在选择放松监管策略下，地方政府的监管努力设系数为 $a$（$0 \leq a \leq 1$）。企业水污染治理努力系数 $e$ 在企业积极治理下等于 1。而在企业消极治理下，企业面对地方政府放松监管情况下企业的治污努力系数为 $e_1$（$0 \leq e_1 \leq 1$），企业面对地方政府严格监管情况下企业的治污努力系数为 $e_2$（$0 \leq e_2 \leq 1$）。

当地方政府官员选择监管企业的水污染治理策略时，由于存在环保考核的政绩要求，设水污染治理质量指标在地方政府政绩考核中的权重系数为 $\delta$（$0 \leq \delta \leq 1$），$\delta$ 系数越大，水污染治理的质量指标在政府考核中所占比重越大，中央政府越重视地方政府水污染治理的监管[70]。设地方政府的政绩会给当地政府带来额外的收益系数为 $\partial$（$0 \leq \partial \leq 1$）。

地方政府根据不同的治理结果，依据水污染治理质量指标在地方政府政绩考核中的权重系数 $\delta$ 而得到的政绩结果为 $\delta M$，以及最终通过政绩考核而获取的收益为 $\partial \delta M$（企业治理结果 $M$ 在地方政府放松监管和严格监管的情况下以及消极治理和积极治理下分别为 $M_{11}$、$M_{12}$、$M_{21}$、$M_{22}$）。

在地方政府严格监管的情况下，由于地方政府会付出相应的监管成本以及具有对企业支付补偿金等一系列行为，地方政府会产生一定的经济损失。

在中央政府监管的情况下，当地方政府放松监管时会受到中央政府的处罚。

而在地方政府选择放松监管的策略下，地方政府与企业很有可能会出现"政企合谋"的情形，设 $fg(s)$ 为地方政府获取的"政企合谋"收益，其中 $g(s)$ 为地方政府与企业合谋程度（$0 \leq g(s) \leq 1$），$f$ 为"政企合谋"情形下地方政府的收益系数（$0 \leq f \leq 1$）[71]。

地方政府与企业对于水污染监管策略与水污染治理策略的其他参数假设与第六章的参数假设一致。

由此可见，在企业积极治理下，地方政府严格监管的支付函数为

$$\theta_1 M_{22} + \partial \delta M_{22} - N_1 - \frac{1}{2}\beta C_2 - C_1$$

地方政府放松监管的支付函数为

$$\theta_1 M_{21} + \partial \delta M_{21} - F - aC_1$$

在企业消极治理下，地方政府严格监管的支付函数为

$$\theta_1 M_{12} + \partial \delta M_{12} - N_1 - C_1 + \gamma(D - M_{12})$$

地方政府放松监管的支付函数为

$$\theta_2 M_{12} - \frac{1}{2}C_2(e_2)^2 - \gamma(D - M_{12})$$

在地方政府严格监管下，企业积极治理的支付函数为

$$\theta_2 M_{22} - \frac{1}{2}(1 - \beta)C_2$$

企业消极治理的支付函数为

$$\theta_2 M_{12} - \frac{1}{2}C_2(e_2)^2 - \gamma(D - M_{12})$$

在地方政府放松监管下，企业积极治理的支付函数为

$$\theta_2 M_{21} - \frac{1}{2}C_2$$

企业消极治理的支付函数为

$$\theta_2 M_{11} - \frac{1}{2}C_2(e_1)^2 - (1 - a)fg(s)。$$

## （二）博弈模型的构建

假设企业积极治理的概率为 $x$，企业消极治理的概率为 $1-x$；地方政府严格监管的概率为 $y$，地方政府放松监管的概率为 $1-y$，由此得到如表 6-9 所示的支付矩阵。

表 6-9　地方政府和企业水污染治理的支付矩阵

| 地方政府 | 企业 | |
|---|---|---|
| | 积极治理（$y$） | 消极治理（$1-y$） |
| 严格监管<br>（$x$） | $\theta_1 M_{22} + \partial\delta M_{22} - N_1 - \dfrac{1}{2}\beta C_2 - C_1$<br><br>$\theta_2 M_{22} - \dfrac{1}{2}(1-\beta)C_2$ | $\theta_1 M_{12} + \partial\delta M_{12} - N_1 - C_1 + \gamma(D - M_{12})$<br><br>$\theta_2 M_{12} - \dfrac{1}{2}C_2(e_2)^2 - \gamma(D - M_{12})$ |
| 放松监管<br>（$1-x$） | $\theta_1 M_{21} + \partial\delta M_{21} - F - aC_1$<br><br>$\theta_2 M_{21} - \dfrac{1}{2}C_2$ | $\theta_1 M_{11} + \partial\delta M_{11} - F - aC_1 + (1-a)fg(s)$<br><br>$\theta_2 M_{11} - \dfrac{1}{2}C_2(e_1)^2 - (1-a)fg(s)$ |

## （三）模型求解

设 $U_{11}$ 为地方政府监管的期望，$U_{12}$ 为地方政府不监管的期望，$U_{21}$ 为企业治理的期望，$U_{21}$ 为企业不治理的期望。

根据如表 6-10 所示的支付矩阵，地方政府采取严格监管策略的期望收益为

$$U_{11} = y\left[\theta_1 M_{22} + \partial\delta M_{22} - N_1 - \frac{1}{2}\beta C_2 - C_1\right] + (1-y)\left[\theta_1 M_{12} + \partial\delta M_{12} - C_1 + \gamma(D - M_{12})\right]$$

$$= y\left[\theta_1 M_{22} - \theta_1 M_{12} + \partial\delta M_{22} - \partial\delta M_{12} - \frac{1}{2}\beta C_2 - \gamma(D - M_{12})\right] + \theta_1 M_{12} + \partial\delta M_{12} - N_1 - C_1 + \gamma(D - M_{12})$$

地方政府采取放松监管策略的期望收益为

$$U_{12} = y(\theta_1 M_{21} + \partial\delta M_{21} - F - aC_1) + (1-y)(\theta_1 M_{11} + \partial\delta M_{11} - F - aC_1 + (1-a)fg(s))$$

$$= y(\theta_1 M_{21} - \theta_1 M_{11} + \partial\delta M_{21} - \partial\delta M_{11} - (1-a)fg(s)) + \theta_1 M_{11} + \partial\delta M_{11} - F - aC_1 + (1-a)fg(s)$$

地方政府的平均期望收益为

$$\overline{U_1} = xU_{11} + (1-x)U_{12}$$

由此，地方政府采取治理的策略的复制动态方程式为

$$F(x) = \frac{d_x}{dt} = x(U_{11} - \bar{U}_1)$$

$$= x[U_{11} - xU_{11} - (1 - x)U_{12}]$$

$$= x(1 - x)(U_{11} - U_{12}) \qquad (6-3)$$

$$= x(1 - x)\left[y\left[\theta_1 M_{22} - \theta_1 M_{12} + \partial\delta M_{22} - \partial\delta M_{12} - \frac{1}{2}\beta C_2 - \gamma(D - M_{12})\right] + \right.$$

$$\theta_1 M_{12} + \partial\delta M_{12} - N_1 - C_1 + \gamma(D - M_{12}) - [y(\theta_1 M_{21} - \theta_1 M_{11} + \partial\delta M_{21} - $$

$$\partial\delta M_{11} - (1 - a)fg(s)) + \theta_1 M_{11} + \partial\delta M_{11} - F - aC_1 + (1 - a)fg(s)]$$

$$= x(1 - x)\left[y\left(\theta_1 M_{22} - \theta_1 M_{12} - \theta_1 M_{21} + \theta_1 M_{11} + \partial\delta M_{22} - \partial\delta M_{12} - \partial\delta M_{21} + \right.\right.$$

$$\left.\left. \partial\delta M_{11} - \frac{1}{2}\beta C_2 - \gamma(D - M_{12}) + (1 - a)fg(s)\right)\right] + \theta_1 M_{12} - \theta_1 M_{11} + $$

$$\partial\delta M_{12} - \partial\delta M_{11} - N_1 - C_1 + \gamma(D - M_{12}) + F + aC_1 - (1 - a)fg(s)$$

同理，企业采取积极治理的期望收益为

$$U_{21} = x\left[\theta_2 M_{22} - \frac{1}{2}(1 - \beta)C_2\right] + (1 - x)\left[\theta_2 M_{21} - \frac{1}{2}C_2\right]$$

$$= x\left(\theta_2 M_{22} - \theta_2 M_{21} - \frac{1}{2}(1 - \beta)C_2 + \frac{1}{2}C_2\right) + \theta_2 M_{21} - \frac{1}{2}C_2$$

企业采取消极治理的期望收益为

$$U_{22} = x\left[\theta_2 M_{12} - \frac{1}{2}C_2(e_2)^2 - \gamma(D - M_{12})\right] + (1 - x)\left[\theta_2 M_{11} - \right.$$

$$\left. \frac{1}{2}C_2(e_1)^2 - (1 - a)fg(s)\right]$$

$$= x\left(\theta_2 M_{12} - \theta_2 M_{11} + \frac{1}{2}C_2(e_1)^2 - \frac{1}{2}C_2(e_2)^2 - \gamma(D - M_{12}) + \right.$$

$$\left. (1 - a)fg(s)\right) + \theta_2 M_{11} - \frac{1}{2}C_2(e_1)^2 - (1 - a)fg(s)$$

企业平均期望收益为

$$\bar{U}_2 = yU_{21} + (1 - y)U_{22}$$

企业采取监管策略的复制动态方程式为

$$F(y) = \frac{d_y}{dt} = y(U_{21} - \bar{U}_2)$$

$$= y[U_{21} - yU_{21} - (1 - y)U_{22}]$$

$$= y(1 - y)(U_{21} - U_{22}) \tag{6-4}$$

$$= y(1 - y)\left[ x\left(\theta_2 M_{22} - \theta_2 M_{21} - \frac{1}{2}(1 - \beta)C_2 + \frac{1}{2}C_2\right) + \theta_2 M_{21} - \frac{1}{2}C_2 - \right.$$

$$\left[ x\left(\theta_2 M_{12} - \theta_2 M_{11} + \frac{1}{2}C_2(e_1)^2 - \frac{1}{2}C_2(e_2)^2 - \gamma(D - M_{12}) + \right.\right.$$

$$\left.\left. (1 - a)fg(s)\right) + \theta_2 M_{11} - \frac{1}{2}C_2(e_1)^2 - (1 - a)fg(s)\right]\right]$$

$$= y(1 - y)\left[ x\left(\theta_2 M_{22} - \theta_2 M_{21} - \theta_2 M_{12} + \theta_2 M_{11} + \frac{1}{2}\beta C_2 + \frac{1}{2}C_2(e_2)^2 - \right.\right.$$

$$\left.\frac{1}{2}C_2(e_1)^2 + \gamma(D - M_{12}) - (1 - a)fg(s)\right) + \theta_2 M_{21} - \theta_2 M_{11} - \frac{1}{2}C_2 + $$

$$\left.\frac{1}{2}C_2(e_1)^2 + (1 - a)fg(s)\right]$$

针对企业采取治理策略的复制动态方程，令 $\frac{d_x}{dt} = 0$，可得

$$x_1^* = 0, x_2^* = 1$$

$$y^* = \frac{N_1 + C_1 + (1 - a)fg(s) + \theta_1 M_{11} - \theta_1 M_{12} + \partial\delta M_{11} - \partial\delta M_{12} - \gamma(D - M_{12}) - F - aC_1}{\theta_1 M_{22} - \theta_1 M_{12} - \theta_1 M_{21} + \theta_1 M_{11} + \partial\delta M_{22} - \partial\delta M_{12} - \partial\delta M_{21} + \partial\delta M_{11} - \frac{1}{2}\beta C_2 - \gamma(D - M_{12}) + (1 - a)fg(s)}$$

针对地方政府采取监管的复制动态方程，令 $\frac{d_y}{dt} = 0$，可得

$$y_1^* = 0, y_2^* = 1$$

$$x^* = \frac{\theta_2 M_{11} - \theta_2 M_{21} + \frac{1}{2}C_2 - \frac{1}{2}C_2(e_1)^2 - (1 - a)fg(s)}{\theta_2 M_{22} - \theta_2 M_{21} - \theta_2 M_{12} + \theta_2 M_{11} + \frac{1}{2}\beta C_2 + \frac{1}{2}C_2(e_2)^2 - \frac{1}{2}C_2(e_1)^2 + \gamma(D - M_{12}) - (1 - a)fg(s)}$$

根据 Friedman 提出的方法，对 $F(x)$、$F(y)$ 分别求 $x$、$y$ 的偏导，得系统的雅可比矩阵

$$J = \begin{bmatrix} \dfrac{\partial F(x)}{\partial x} & \dfrac{\partial F(x)}{\partial y} \\ \dfrac{\partial F(y)}{\partial x} & \dfrac{\partial F(y)}{\partial y} \end{bmatrix}$$

其中

$$\frac{\partial F(x)}{\partial x} = (1 - 2x)\left[\left[\gamma\left(\theta_1 M_{22} - \theta_1 M_{12} - \theta_1 M_{21} + \theta_1 M_{11} + \partial\delta M_{22} - \partial\delta M_{12} - \right.\right.\right.$$

$$\left.\left.\partial\delta M_{21} + \partial\delta M_{11} - \frac{1}{2}\beta C_2 - \gamma(D - M_{12}) + (1 - a)fg(s)\right)\right] +$$

$$\theta_1 M_{12} - \theta_1 M_{11} + \partial\delta M_{12} - \partial\delta M_{11} - N_1 - C_1 + \gamma(D - M_{12}) +$$

$$\left.F + aC_1 - (1 - a)fg(s)\right]$$

$$\frac{\partial F(x)}{\partial y} = x(1 - x)\left(\theta_1 M_{22} - \theta_1 M_{12} - \theta_1 M_{21} + \theta_1 M_{11} + \partial\delta M_{22} - \partial\delta M_{12} - \right.$$

$$\left.\partial\delta M_{21} + \partial\delta M_{11} - \frac{1}{2}\beta C_2 - \gamma(D - M_{12}) + (1 - a)fg(s)\right)$$

$$\frac{\partial F(y)}{\partial x} = y(1 - y)\left(\theta_2 M_{22} - \theta_2 M_{21} - \theta_2 M_{12} + \theta_2 M_{11} + \frac{1}{2}\beta C_2 + \right.$$

$$\left.\frac{1}{2}C_2 (e_2)^2 - \frac{1}{2}C_2 (e_1)^2 + \gamma(D - M_{12}) - (1 - a)fg(s)\right)$$

$$\frac{\partial F(y)}{\partial y} = (1 - 2y)\left[x\left(\theta_2 M_{22} - \theta_2 M_{21} - \theta_2 M_{12} + \theta_2 M_{11} + \frac{1}{2}\beta C_2 + \right.\right.$$

$$\left.\frac{1}{2}C_2 (e_2)^2 - \frac{1}{2}C_2 (e_1)^2 + \gamma(D - M_{12}) - (1 - a)fg(s)\right) +$$

$$\left.\theta_2 M_{21} - \theta_2 M_{11} - \frac{1}{2}C_2 + \frac{1}{2}C_2 (e_1)^2 + (1 - a)fg(s)\right]$$

根据不同的收益成本条件，地方政府与企业会进行不同的水污染监管和治理策略，分为如下几种情况：

（1）当 $y^* < 0$，$x^* < 0$ 时，即 $\theta_2 M_{11} - \theta_2 M_{21} + \frac{1}{2}C_2 - \frac{1}{2}C_2 (e_1)^2 - (1 - a)fg(s) < 0$，$\theta_2 M_{22} - \theta_2 M_{21} - \theta_2 M_{12} + \theta_2 M_{11} + \frac{1}{2}\beta C_2 + \frac{1}{2}C_2 (e_2)^2 - \frac{1}{2}C_2(e_1)^2 + \gamma(D - M_{12}) - (1a)fg(s) > 0$，且 $N_1 + C_1 + (1 - a)fg(s) + \theta_1 M_{11} - \theta_1 M_{12} + \partial\delta M_{11} - \partial\delta M_{12} - \gamma(D - M_{12}) - F - aC_1 < 0$，$\theta_1 M_{22} - \theta_1 M_{12} - \theta_1 M_{21} + \theta_1 M_{11} + \partial\delta M_{22} - \partial\delta M_{12} - \partial\delta M_{21} + \partial\delta M_{11} - \frac{1}{2}\beta C_2 - \gamma(D - M_{12}) + (1 - a)fg(s) > 0$，稳定性分析结果如表 6 - 10 所示，表明在这种条件下最终

演化成果是企业积极治理、政府严格监管。地方政府和企业选择水污染监管与治理策略的动态演化过程如图 6-3 所示。

表 6-10　各均衡点的稳定性分析

| 均衡点 | DetJ 的符号 | TrJ 的符号 | 结果 |
|---|---|---|---|
| $O$ (0, 0) | + | + | 不稳定 |
| $A$ (1, 0) | － | 不确定 | 鞍点 |
| $B$ (0, 1) | － | 不确定 | 鞍点 |
| $C$ (1, 1) | + | － | ESS |

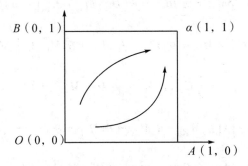

图 6-3　地方政府和企业水污染治理博弈<br>复制动态相位

（2）当 $y^* < 0$，$x^* < 0$ 时，即 $\theta_2 M_{11} - \theta_2 M_{21} + \frac{1}{2}C_2 - \frac{1}{2}C_2(e_1)^2 - (1-a)fg(s) > 0$，$\theta_2 M_{22} - \theta_2 M_{21} - \theta_2 M_{12} + \theta_2 M_{11} + \frac{1}{2}\beta C_2 + \frac{1}{2}C_2(e_2)^2 - \frac{1}{2}C_2(e_1)^2 + \gamma(D - M_{12}) - (1a)fg(s) < 0$，且 $N_1 + C_1 + (1-a)fg(s) + \theta_1 M_{11} - \theta_1 M_{12} + \partial\delta M_{11} - \partial\delta M_{12} - \gamma(D - M_{12}) - F - aC_1 < 0$，$\theta_1 M_{22} - \theta_1 M_{12} - \theta_1 M_{21} + \theta_1 M_{11} + \partial\delta M_{22} - \partial\delta M_{12} - \partial\delta M_{21} + \partial\delta M_{11} - \frac{1}{2}\beta C_2 - \gamma(D - M_{12}) + (1-a)fg(s) > 0$，稳定性分析结果如表 6-11 所示，表明在这种条件下最终演化成果是企业消极治理、政府严格监管。地方政府和企业选择水污染监管与治理策略的动态演化过程如图 6-4 所示。

表 6-11　各均衡点的稳定性分析

| 均衡点 | DetJ 的符号 | TrJ 的符号 | 结果 |
|---|---|---|---|
| $O$（0，0） | － | 不确定 | 鞍点 |
| $A$（1，0） | ＋ | － | ESS |
| $B$（0，1） | ＋ | ＋ | 不稳定 |
| $C$（1，1） | － | 不确定 | 鞍点 |

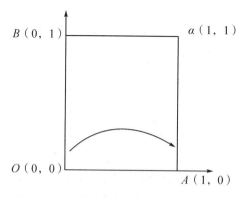

图 6-4　地方政府和企业水污染治理博弈
复制动态相位图

（3）当 $y^* < 0$，$x^* < 0$ 时，即 $\theta_2 M_{11} - \theta_2 M_{21} + \frac{1}{2}C_2 - \frac{1}{2}C_2(e_1)^2 - (1-a)fg(s) < 0$，$\theta_2 M_{22} - \theta_2 M_{21} - \theta_2 M_{12} + \theta_2 M_{11} + \frac{1}{2}\beta C_2 + \frac{1}{2}C_2(e_2)^2 - \frac{1}{2}C_2(e_1)^2 + \gamma(D - M_{12}) - (1a)fg(s) > 0$，且 $N_1 + C_1 + (1-a)fg(s) + \theta_1 M_{11} - \theta_1 M_{12} + \partial\delta M_{11} - \partial\delta M_{12} - \gamma(D - M_{12}) - F - aC_1 > 0$，$\theta_1 M_{22} - \theta_1 M_{12} - \theta_1 M_{21} + \theta_1 M_{11} + \partial\delta M_{22} - \partial\delta M_{12} - \partial\delta M_{21} + \partial\delta M_{11} - \frac{1}{2}\beta C_2 - \gamma(D - M_{12}) + (1-a)fg(s) < 0$，稳定性分析结果如表 6-12 所示，表明在这种条件下最终演化成果是企业积极治理、政府放松监管。地方政府和企业选择水污染监管与治理策略的动态演化过程如图 6-5 所示。

表6-12　各均衡点的稳定性分析

| 均衡点 | DetJ 的符号 | TrJ 的符号 | 结果 |
|---|---|---|---|
| $O$ $(0, 0)$ | $-$ | 不确定 | 鞍点 |
| $A$ $(1, 0)$ | $+$ | $+$ | 不稳定 |
| $B$ $(0, 1)$ | $+$ | $-$ | ESS |
| $C$ $(1, 1)$ | $-$ | 不确定 | 鞍点 |

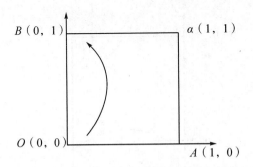

图6-5　地方政府和企业水污染治理博弈
复制动态相位

（4）当 $y^* < 0$，$x^* < 0$ 时，即 $\theta_2 M_{11} - \theta_2 M_{21} + \frac{1}{2} C_2 - \frac{1}{2} C_2 (e_1)^2 -$

$(1-a)fg(s) > 0$，$\theta_2 M_{22} - \theta_2 M_{21} - \theta_2 M_{12} + \theta_2 M_{11} + \frac{1}{2}\beta C_2 + \frac{1}{2} C_2 (e_2)^2 -$

$\frac{1}{2} C_2 (e_1)^2 + \gamma (D - M_{12}) - (1a)fg(s) < 0$，且 $N_1 + C_1 + (1-a)fg(s) +$

$\theta_1 M_{11} - \theta_1 M_{12} + \partial\delta M_{11} - \partial\delta M_{12} - \gamma (D - M_{12}) - F - aC_1 > 0$，$\theta_1 M_{22} - \theta_1 M_{12} -$

$\theta_1 M_{21} + \theta_1 M_{11} + \partial\delta M_{22} - \partial\delta M_{12} - \partial\delta M_{21} + \partial\delta M_{11} - \frac{1}{2}\beta C_2 - \gamma (D - M_{12}) +$

$(1-a)fg(s) < 0$，稳定性分析结果如表6-13所示，表明在这种条件下最终演化成果是企业消极治理、政府放松监管。地方政府和企业选择水污染监管与治理策略的动态演化过程如图6-6所示。

表 6 - 13　各均衡点的稳定性分析

| 均衡点 | DetJ 的符号 | TrJ 的符号 | 结果 |
|---|---|---|---|
| $O$ (0, 0) | + | − | ESS |
| $A$ (1, 0) | − | 不确定 | 鞍点 |
| $B$ (0, 1) | − | 不确定 | 鞍点 |
| $C$ (1, 1) | + | + | 不稳定 |

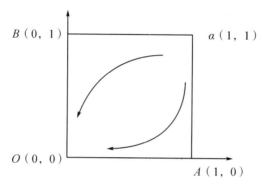

图 6 - 6　地方政府和企业水污染治理博弈
复制动态相位

（5）当 $0 < y^* < 1$，$0 < x^* < 1$，即 $0 < N_1 + C_1 + (1-a)fg(s) + \theta_1 M_{11} - \theta_1 M_{12} + \partial\delta M_{11} - \partial\delta M_{12} - \gamma(D - M_{12}) - F - aC_1 < \theta_1 M_{22} - \theta_1 M_{12} - \theta_1 M_{21} + \theta_1 M_{11} + \partial\delta M_{22} - \partial\delta M_{12} - \partial\delta M_{21} + \partial\delta M_{11} - \frac{1}{2}\beta C_2 - \gamma(D - M_{12}) + (1-a)fg(s)$，

$0 < \theta_2 M_{11} - \theta_2 M_{21} + \frac{1}{2}C_2 - \frac{1}{2}C_2(e_1)^2 - (1-a)fg(s) < \theta_2 M_{22} - \theta_2 M_{21} - \theta_2 M_{12} + \theta_2 M_{11} + \frac{1}{2}\beta C_2 + \frac{1}{2}C_2(e_2)^2 - \frac{1}{2}C_2(e_1)^2 + \gamma(D - M_{12}) - (1-a)fg(s)$，稳定性分析结果如表 6 - 14 所示，其中，均衡点 $O$ (0, 0) 和 $C$ (1, 1) 是演化稳定策略。地方政府和企业水污染治理博弈的动态演化过程可由如图 6 - 7 所示的该演化系统的轨迹示意图描述。如上文解释，区域 ADBC 可以定义为地方政府与企业水污染严格监管和积极治理区域，区域 OADB 可以定义为地方政府与企业水污染放松监管和消极治理区域。

表 6-14　各均衡点的稳定性分析

| 均衡点 | DetJ 的符号 | TrJ 的符号 | 结果 |
|---|---|---|---|
| $O$ (0, 0) | + | − | ESS |
| $A$ (1, 0) | + | + | 不稳定 |
| $B$ (0, 1) | + | + | 不稳定 |
| $C$ (1, 1) | + | − | ESS |
| $D$ ($x^*$, $y^*$) | − | 0 | 鞍点 |

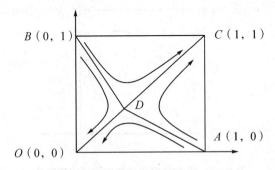

图 6-7　地方政府和企业水污染治理博弈复制动态相位

### 三、地方政府管理制度与企业治污行为策略演化结果讨论

从前面的演化结果分析可以看出，在水污染治理过程中，地方政府既可能会对企业实施监管策略也可能会对企业实施不监管策略，而企业则会进行水污染治理或不治理，这都取决于企业水污染治理的努力系数，以及地方政府进行水污染治理的监管收益、监管成本、奖惩制度等因素。

而在中央政府的监管下，当地方政府政绩考核加入上级环保考核约束时，地方政府在选择水污染监管策略时则会更多考虑水污染治理结果所带来的环保收益、"政企合谋"时企业带给地方政府的合谋收益，此时地方政府的抉择有严格监管和放松监管两种策略，企业的抉择有积极治理和消极治理两种策略。

（1）当 $y^* < 0$，$x^* < 0$ 时，上述两种情况都列举了四种范围，并且最终演化的结果分别为（不监管，不治理）（不监管，治理）（监管，不治理）

（监管，治理），以及（消极监管，放松治理）（消极监管，严格治理）（严格监管，消极治理）（严格监管，积极治理）。

在这两种情况下，企业与地方政府没有公众等其他外力因素的影响，两个利益主体都追求自身利益的最大化。企业收益包括地方政府对企业治理水污染进行的补偿，环境改变带来的收益和由此少缴纳的罚金，而企业成本则是治理水污染的成本和"政企合谋"的成本；地方政府收益包括环境改善带来的环境收益以及对企业监管能够收到的罚金和"政企合谋"的收益，而地方政府的成本则是付出的监管成本以及对企业治理的补偿金和。当地方政府监管收益大于成本时，地方政府的选择是监管以及严格监管策略；当地方政府监管成本大于收益时，地方政府则选择不监管和放松监管策略。而企业的治理收益大于成本时，企业选择水污染治理和积极治理策略，治理成本大于收益则选择水污染不治理和消极治理策略，地方政府与企业的两种情况分别两两组合，形成（不监管，不治理）（不监管，治理）（监管，不治理）（监管，治理）和（消极监管，放松治理）（消极监管，严格治理）（严格监管，消极治理）（严格监管，积极治理）八种水污染监管与治理演化结果。

（2）当 $0 < y^* < 1$，$0 < x^* < 1$ 时，地方政府既可能会选择不监管策略也可能会选择监管策略，企业也有可能治理或不治理。由图 6 - 7 可知，系统演化到不同结果的概率取决于合作区域 ADBC 面积的大小[72]。

$$S_{ABCD} = 1 - \left[ x^* y^* + \frac{1}{2} x^* (1 - y^*) + \frac{1}{2} y^* (1 - x^*) \right]$$

$$= 1 - \left[ x^* y^* + \frac{1}{2} x^* - \frac{1}{2} x^* y^* + \frac{1}{2} y^* - \frac{1}{2} x^* y^* \right]$$

$$= 1 - \frac{1}{2} (x^* + y^*)$$

$$= 1 - \frac{1}{2} \left( \frac{\frac{1}{2} C_2 (e_1)^2 - \theta_2 M_1}{\theta_2 M_2 - \theta_2 M_1 - \frac{1}{2} C_2 (e_2)^2 + \frac{1}{2} \beta C_2 (e_2)^2 + \frac{1}{2} C_2 (e_1)^2 + a\gamma M_2} \right.$$

$$\left. + \frac{aC_1 - a\gamma D}{\theta_1 M_2 - \theta_1 M_1 - a\gamma M_2 - \frac{1}{2} \beta C_2 (e_2)^2} \right)$$

由上式可知，在前一种地方政府和企业水污染监管和治理策略演化结果基本模型下影响地方政府和企业关于水污染治理策略区域面积的因素有 7 个参数。这 7 个参数对博弈结果的演化方向的影响如表 6 - 15 所示。

表 6 - 15　参数变化对地方政府与企业水污染治理策略的影响

| 参数变化 | 鞍点变化 | 面积变化与演化方向 |
| --- | --- | --- |
| $k\uparrow$ | x 点变小，y 点变小 | $S_{ABCD}$ 变大（监管，治理） |
| $\theta_1\uparrow$ | y 点变小 | $S_{ABCD}$ 变大（监管，治理） |
| $\theta_2\uparrow$ | x 点变小 | $S_{ABCD}$ 变大（监管，治理） |
| $a\uparrow$ | x 点变小，y 点变大 | $S_{ABCD}$ 不确定 |
| $\gamma\uparrow$ | x 点变小，y 点变大 | $S_{ABCD}$ 不确定 |
| $D\uparrow$ | y 点变小 | $S_{ABCD}$ 变大（监管，治理） |
| $\beta\uparrow$ | x 点变小，y 点变大 | $S_{ABCD}$ 不确定 |
| $C_1\downarrow$ | y 点变小 | $S_{ABCD}$ 变大（监管，治理） |
| $C_2\downarrow$ | x 点变小、y 点变小 | $S_{ABCD}$ 变大（监管，治理） |

结论 1：企业的水污染治理能力 $k$ 与企业选择的水污染治理策略呈正比例关系，也与地方政府选择的水污染监管策略呈正比例关系。

当企业的水污染治理能力越高，说明企业越有能力支付起更高成本的水污染治理行为，那么带来的企业水污染治理的意愿也将提高，因此企业的演化策略结果会向治理方向演化。与此同时，地方政府在企业水污染治理能力较强的情况下，能够通过企业较好的水污染治理结果获取较高的水污染治理效益，那么地方政府的水污染监管策略会向监管方向演化。

结论 2：地方政府选择的水污染监管策略与能够获取企业水污染治理结果的收益系数 $\theta_1$ 呈正比例关系；企业选择的水污染治理策略与企业根据水污染治理结果的收益系数 $\theta_2$ 呈正比例关系。

当地方政府的收益系数越高，地方政府能够在同样的企业水污染治理结果下获取到更高的收益，收益越高，地方政府越能够弥补为了监管企业水污染治理所付出的成本，如监管成本、补偿成本等，那么地方政府水污染监管策略越会向监管方向演化。同理，在能够获取的收益越高时，企业水污染治理策略越会向治理方向演化。

结论3：地方政府的监管力度系数 $a$ 与企业的水污染治理策略呈正比，与地方政府的水污染监管策略呈反比。

对地方政府而言，对企业治理的监管力度越大，地方政府所付出的监管成本就越高，地方政府就越不愿意监管企业；对企业而言，地方政府对企业治理的监管力度越大，企业在相同治理结果下能够少缴的罚金就越多，对企业来说相当于另一种收益，那么企业就会越有意愿进行水污染治理。在这种情况下，地方政府的监管力度对于地方政府以及企业两个利益主体来说造成的演化方向是不一样的，因此并不能轻易判断水污染治理行为策略的最终演化方向。

结论4：地方政府的处罚系数 $\gamma$ 与地方政府的水污染监管策略呈正比例关系，与企业的水污染治理策略呈反比例关系。

地方政府对企业的处罚力度越大，地方政府所收取的罚金越多，这也将增加地方政府的收益，最终也能促进地方政府对企业水污染治理行为向监管方向演化。对企业而言，处罚力度越大，在其治理水污染而未达到政策标准情况下，一定会面临相应的处罚，当企业能够获取的收益和收取的地方政府的补偿并不能弥补企业为此付出的罚金时，企业的水污染治理策略将会向不治理方向演化。在这种情况下，地方政府的监管力度对于地方政府以及企业两个利益主体来说造成的演化方向是不一样的，并不能轻易判断水污染治理行为策略的最终演化方向。

结论5：地方政府的水污染监管策略与制定污染治理结果的标准的高低呈正比。

当制定的水污染治理的结果标准越高，则企业能够完成的难度越大，地方政府能够从企业收取的罚金就越多，这给地方政府带来的收益就越大，地方政府的水污染监管策略就会越向监管方向演化。

结论6：地方政府给予企业的水污染治理补偿 $\beta$ 与地方政府的监管策略呈反比例关系，与企业的水污染治理策略呈正比例关系。

对地方政府而言，对企业治理的补偿越多，地方政府所付出的成本就越高，地方政府就会越不愿意监管企业；对企业而言，政府给予的补偿越高，企业治理所获取的收益就越高，企业就会越有意愿进行水污染治理。在这种情况下，地方政府对企业治理的监管力度对于地方政府和企业两个利益主体来说造成的演化方向也是不一样的。

结论7：地方政府的监管成本$C_1$与地方政府对水污染治理的监管策略呈反比例关系。

地方政府的监管成本越高，地方政府对企业水污染治理的监管行为所要付出的代价就越大。当成本越来越高导致地方政府从中获取的收益越来越小，甚至入不敷出时，地方政府所要进行水污染治理的监管行为的可能性则越低。

结论8：企业的治理成本$C_2$与地方政府的水污染治理的监管策略呈反比例关系，与企业自身的水污染治理行为策略的演化也呈反比例关系。

当企业的治理成本越低时，地方政府对企业的补偿就越少，这将间接降低地方政府的监管成本，促使地方政府的策略向水污染治理监管方向演化。与结论7同理，企业的治理成本越低，企业在进行水污染治理所获取的收益则越多，则更能促进企业的策略向水污染治理方向演化。

在加入中央的监管下，地方政府的政绩考核加入了环保绩效的因素以及中央监管不力下"政企合谋"现象的出现，这将会对合作区域 ADBC 面积的大小有新的影响变化。此时合作区域 ABCD 的面积为

$$S_{ABCD} = 1 - \left[ x^* y^* + \frac{1}{2} x^* (1 - y^*) + \frac{1}{2} y^* (1 - x^*) \right]$$

$$= 1 - \left[ x^* y^* + \frac{1}{2} x^* - \frac{1}{2} x^* y^* + \frac{1}{2} y^* - \frac{1}{2} x^* y^* \right]$$

$$= 1 - \frac{1}{2} (x^* + y^*)$$

$$= 1 - \frac{1}{2} \left( \frac{\theta_2 M_{11} - \theta_2 M_{21} + \frac{1}{2} C_2 - \frac{1}{2} C_2 (e_1)^2 - (1-a) fg(s)}{\theta_2 M_{22} - \theta_2 M_{21} - \theta_2 M_{12} + \theta_2 M_{11} + \frac{1}{2} \beta C_2 + \frac{1}{2} C_2 (e_2)^2 - \frac{1}{2} C_2 (e_1)^2 + \gamma (D - M_{12}) - (1-a) fg(s)} + \right.$$

$$\left. \frac{N_1 + C_1 + (1-a) fg(s) + \theta_1 M_{11} - \theta_1 M_{12} + \partial \delta M_{11} - \partial \delta M_{12} - \gamma (D - M_{12}) - F - a C_1}{\theta_1 M_{22} - \theta_1 M_{12} - \theta_1 M_{21} + \theta_1 M_{11} + \partial \delta M_{22} - \partial \delta M_{12} - \partial \delta M_{21} + \partial \delta M_{11} - \frac{1}{2} \beta C_2 - \gamma (D - M_{12}) + (1-a) fg(s)} \right)$$

由于大部分参数对水污染治理和监管策略的影响在前一个基础模型上已经说明，此处重点说明新加入的参数对博弈结果演化方向的影响。

结论9：地方政府严格监管下当地经济产生的损失$N_1$对地方政府的水污染治理监管的策略呈反比例关系。

目前，许多地方政府的政绩考核依旧是以 GDP 为考核依据，因此当地方

政府选择严格监管策略所造成的当地经济损失越来越大、中央政府的惩罚力度又不足以给地方政府造成约束时，地方政府的水污染治理的监管策略就会向消极治理方向演化。

结论10：中央政府对地方政府放松监管的惩罚 $F$ 对地方政府的水污染治理监管的策略呈正比例关系。

当中央政府的惩罚越大时地方政府放松监管的成本则越高，当地方政府权衡放松监管所带来的收益较低或者不足以弥补成本时，地方政府的策略会向严格监管策略的方向演化。

结论11：

对 $x^*$ 求关于 $f$、$g(s)$ 的偏导，得

$$\frac{\partial x^*}{\partial f} = \frac{-(1-a)g(s)\left[\theta_2 M_{22} - \theta_2 M_{12} + \frac{1}{2}\beta C_2 - \frac{1}{2}C_2 + \gamma(D - M_{12}) + \frac{1}{2}C_2(e_2)^2\right]}{\left(\theta_2 M_{22} - \theta_2 M_{21} - \theta_2 M_{12} + \theta_2 M_{11} + \frac{1}{2}\beta C_2 + \frac{1}{2}C_2(e_2)^2 - \frac{1}{2}C_2(e_1)^2 + \gamma(D - M_{12}) - (1-a)fg(s)\right)^2}$$

$$\frac{\partial x^*}{\partial g(s)} = \frac{-(1-a)f\left[\theta_2 M_{22} - \theta_2 M_{12} + \frac{1}{2}\beta C_2 - \frac{1}{2}C_2 + \gamma(D - M_{12}) + \frac{1}{2}C_2(e_2)^2\right]}{\left(\theta_2 M_{22} - \theta_2 M_{21} - \theta_2 M_{12} + \theta_2 M_{11} + \frac{1}{2}\beta C_2 + \frac{1}{2}C_2(e_2)^2 - \frac{1}{2}C_2(e_1)^2 + \gamma(D - M_{12}) - (1-a)fg(s)\right)^2}$$

通过该分式的分子可以看出，当 $\theta_2 M_{22} - \theta_2 M_{12} + \frac{1}{2}\beta C_2 - \frac{1}{2}C_2 + \gamma(D - M_{12}) + \frac{1}{2}C_2(e_2)^2 > 0$ 时，$\frac{\partial x^*}{\partial f} < 0$、$\frac{\partial x^*}{\partial g(s)} < 0$；即当在地方政府的严格监管下企业积极治理的收益（$\theta_2 M_{22}$）大于成本 $\left(\frac{1}{2}(1-\beta)C_2\right)$，以及消极治理的成本 $\left(\gamma(D - M_{12}) + \frac{1}{2}C_2(e_2)^2\right)$ 大于收益（$\theta_2 M_{12}$），此时地方政府获取的"政企合谋"收益系数即 $f$ 和地方政府与企业的合谋程度 $g(s)$ 与企业的水污染治理策略呈正比例关系。"政企合谋"是出现在地方政府的放松监管下，企业要给地方政府支付的费用对于企业来说是较高的成本，消极治理所带来的收益并不能弥补"政企合谋"的成本，所以当 $f$、$g(s)$ 越高时，$x$ 点和 $y$ 点越小，$S_{ABCD}$ 越大，地方政府与企业要进行严格监管和积极治理的概率越大；反之亦然，当 $\theta_2 M_{22} - \theta_2 M_{12} + \frac{1}{2}\beta C_2 - \frac{1}{2}C_2 + \gamma(D - M_{12}) + \frac{1}{2}C_2(e_2)^2 < 0$ 则会出现相反的结果。

对 $y^*$ 求关于 $f$、$g(s)$ 的偏导，得

$$\frac{\partial y^*}{\partial f} = \frac{(1-a)g(s)\left[\theta_1 M_{22} - \theta_1 M_{21} - \partial\delta M_{22} - \partial\delta M_{21} + F + aC_1 - \frac{1}{2}\beta C_2 - N_1 - C_1\right]}{\left(\theta_1 M_{22} - \theta_1 M_{12} - \theta_1 M_{21} + \theta_1 M_{11} + \partial\delta M_{22} - \partial\delta M_{12} - \partial\delta M_{21} + \partial\delta M_{11} - \frac{1}{2}\beta C_2 - \gamma(D - M_{12}) + (1-a)fg(s)\right)^2}$$

$$\frac{\partial y^*}{\partial g(s)} = \frac{(1-a)f\left[\theta_1 M_{22} - \theta_1 M_{21} + \partial\delta M_{22} - \partial\delta M_{21} + F + aC_1 - \frac{1}{2}\beta C_2 - N_1 - C_1\right]}{\left(\theta_1 M_{22} - \theta_1 M_{12} - \theta_1 M_{21} + \theta_1 M_{11} + \partial\delta M_{22} - \partial\delta M_{12} - \partial\delta M_{21} + \partial\delta M_{11} - \frac{1}{2}\beta C_2 - \gamma(D - M_{12}) + (1-a)fg(s)\right)^2}$$

通过该分式的分子可以看出，当 $\theta_1 M_{22} - \theta_1 M_{21} + \partial\delta M_{22} - \partial\delta M_{21} + F + a C_1 - \frac{1}{2}\beta C_2 - N_1 - C_1 > 0$ 时，$\frac{\partial y^*}{\partial f} > 0$、$\frac{\partial y^*}{\partial g(s)} > 0$；即当在企业在积极治理下地方政府严格监管的收益（$\theta_1 M_{22} + \partial\delta M_{22}$）大于成本（$\frac{1}{2}\beta C_2 + N_1 + C_1$），放松监管的收益（$\theta_1 M_{21} + \partial\delta M_{21}$）小于成本（$F + aC_1$），此时地方政府获取的"政企合谋"收益系数即 $f$ 和地方政府与企业的合谋程度 $g(s)$ 与地方政府水污染治理的监管策略呈反比例关系。即当 $f$、$g(s)$ 越高时，$x$ 点和 $y$ 点越大，$S_{ABCD}$ 越小，当企业积极治理时会促使地方政府严格监管，而由于"政企合谋"是出现在企业的消极治理情形中，此时地方政府从企业获取的"政企合谋"的收益较高，甚至于超过中央政府对其的惩罚，那么地方政府严格监管的可能性就越小；反之，当 $\theta_1 M_{22} - \theta_1 M_{21} + \partial\delta M_{22} - \partial\delta M_{21} + F + aC_1 - \frac{1}{2}\beta C_2 - N_1 - C_1 < 0$ 时，会出现相反的结果。

结论12：

对 $y^*$ 求关于 $\delta$、$\partial$ 的偏导，得

$$\frac{\partial y^*}{\partial \delta} = \frac{(\partial M_{12} - \partial M_{11})\left(\frac{1}{2}\beta C_2 + N_1 + C_1 - F - aC_1\right) + (\partial M_{22} - \partial M_{21})(F + aC_1 + \gamma(D - M_{12}) - N_1 - C_1 - (1-a)fg(s))}{\left(\theta_1 M_{22} - \theta_1 M_{12} - \theta_1 M_{21} + \theta_1 M_{11} + \partial\delta M_{22} - \partial\delta M_{12} - \partial\delta M_{21} + \partial\delta M_{11} - \frac{1}{2}\beta C_2 - \gamma(D - M_{12}) + (1-a)fg(s)\right)^2}$$

$$\frac{\partial y^*}{\partial \partial} = \frac{(\delta M_{12} - \delta M_{11})\left(\frac{1}{2}\beta C_2 + N_1 + C_1 - F - aC_1\right) + (\delta M_{22} - \delta M_{21})(F + aC_1 + \gamma(D - M_{12}) - N_1 - C_1 - (1-a)fg(s))}{\left(\theta_1 M_{22} - \theta_1 M_{12} - \theta_1 M_{21} + \theta_1 M_{11} + \partial\delta M_{22} - \partial\delta M_{12} - \partial\delta M_{21} + \partial\delta M_{11} - \frac{1}{2}\beta C_2 - \gamma(D - M_{12}) + (1-a)fg(s)\right)^2}$$

为了简化演算，假设 $M_{12} - M_{11}$ 与 $M_{22} - M_{21}$ 相等，即不论是消极治理还是积极治理，企业在地方政府的严格监管和放松监管两种监管情形下，企业水污染治理的结果增幅都是一样的，那么这两个分式的分子简化为讨论 $\frac{1}{2}\beta C_2 + \gamma(D - M_{12}) - (1-a)fg(s)$ 的大小。当 $\frac{1}{2}\beta C_2 + \gamma(D - M_{12}) - (1-a)fg(s) > 0$

时，即地方政府严格监管下对企业的补偿与惩罚大于消极治理下的"政企合谋"收益时，$\frac{\partial \gamma^*}{\partial \delta} > 0$、$\frac{\partial \gamma^*}{\partial \partial} > 0$，那么在这种情况下地方政府的水污染治理的监管策略演化与水污染治理质量指标在地方政府政绩考核中的权重系数 $\delta$ 和地方政府的政绩会给当地政府带来额外的收益系数 $\partial$ 呈正比例关系。当 $\delta$ 系数越大，即水污染治理的质量指标在政府考核中所占比重越大，以及当地政府的政绩会给当地政府带来额外的收益系数 $\partial$ 越大时，地方政府可以从企业的水污染治理结果中获取越高的政治收益，提高政绩，对于地方政府而言，政绩应该是政府追求的最大目标，因此当这两者系数越大时，地方政府的水污染治理行为的监管策略越向积极监管方向演化。

# 第七章　沱江流域水污染治理中的地方政府、企业和公众行为演化研究

公众既是沱江流域水污染的制造者，也是沱江流域水污染的受害者，应积极配合其他利益主体参与水污染治理。本章在第六章的基础上，将公众环保活动约束纳入演化博弈模型，辨析政府、企业和公众三者在水污染治理中的博弈行为关系，从理论上解释政府水污染治理监管行为、企业水污染治理参与行为和公众环保参与行为的演化过程。

## 一、基本假设

公众作为社会中数量最多、分布最广的群体，在水污染治理中占据着重要一环。由于沱江流域水污染的日益严重，流域沿岸居民生产生活都受到很大程度的影响，如生活用水污染、生活环境遭到破坏等。随着人民对美好生活需要的日益增长，人们对环境质量的要求越来越高，对环境问题高度敏感，甚至出现一些邻避现象，因此公众作为水污染最直接的受害者，对水污染治理的诉求是最大的。当公众对环境的诉求增大直至倒逼政府时，政府会采取相关措施如补偿公众以安抚公众情绪，或政府会加强水污染治理以维护政府在公众中的形象。例如《四川省沱江流域水环境保护条例》第十一条中的"建立完善生态环境损害赔偿制度"和《中共内江市委关于内江沱江流域综合治理和绿色生态系统建设与保护若干重大问题的决定》中提到的"推动建立

沱江全流域生态补偿机制",都提出地方政府应该对公众遭受的水污染影响给予一定的生态补偿,以弥补公众的环境损失和维护地方政府的公众形象。

此外,公众也是水污染治理过程中最直接的参与者。由于人口素质的不断提高,人们的环保意识也越来越强,公众自发参与水污染治理行为的现象越来越普遍。在众多水污染治理行为中,公众参与的水污染治理是走在最前列的,如对地方政府进行监督、信访、投诉以及亲自参与水污染治理,对企业违法排污行为进行举报,对流域垃圾进行清理,水污染防治的宣传活动等环保活动[73]。

我们从 2015 年出台的《环境保护公众参与办法》可以看出,国家在环境问题上对于公众这一利益主体十分重视,有效保障了公众在参与环境保护的权益,并积极引导公众有效有序地参与环境保护[74]。对于沱江流域,从内江市《关于加强城乡饮用水水源地保护的调查报告》中对于公众采取有奖举报、设立水源地保护监督员、鼓励检举揭发各种环境违法和污染破坏水源地的行为可以看出,公众参与的这些环保活动、治理行为以及地方政府对公众的生态补偿、环保活动奖励都将对水污染行为造成一定的约束。

那么,对于地方政府、企业、公众这三方利益相关者来说,地方政府可能会采取监管和不监管的策略,企业可能会采取治理和不治理的策略,公众则可能会采取参与和不参与的策略,由此出现的策略组合如表 7-1 所示。

表 7-1　地方政府和企业以及公众水污染治理的策略组合

| 公众 | | 参与 | | 不参与 | |
|---|---|---|---|---|---|
| 企业 | | 治理 | 不治理 | 治理 | 不治理 |
| 政府 | 监管 | 监管,治理,参与 | 监管,治理,参与 | 监管,治理,不参与 | 监管,治理,不参与 |
| | 不监管 | 不监管,治理,参与 | 不监管,不治理,参与 | 不监管,治理,不参与 | 不监管,不治理,不参与 |

根据上述相关因素对水污染治理策略的影响,下面做出关于地方政府、企业和公众参与水污染治理策略的博弈参数假设:

(1)公众参与水污染治理的成熟度借用柯布-道格拉斯生产函数形式表示,记为 $\varepsilon = AL^\alpha K^\beta$。其中,L 表示公众对环境的关注度 $0 < L < 1$,K 表示公众对环境的参与度 $0 < K < 1$,A 为固定值,表示理想状态下公众参与环境治理

的最佳水平，此处设 $A=1$，$\alpha=1$，$\beta=1^{[75]}$。

（2）首先公众面对水污染，当企业不治理时，公众遭受的环境损失为 $I$；当企业治理时，依据企业治理的结果，设置公众所获得的环境收益系数为 $\theta_3$，则企业所获得的环境收益为 $\theta_3 M$。

（3）在公众参与下，地方政府会给予公众一定的生态补偿和一些奖励 $B_1$。

（4）当公众参与监督时，公众自身的参与成本为 $\frac{1}{2}C_3(\varepsilon)^2$，在地方政府监督的情形下，地方政府的监督成本会降低 $a(1-\varepsilon)C_1$。

（5）当地方政府采取不监督策略，则地方政府会有政治损失如名誉、形象损失等 $N_2$。

（6）对企业而言，当企业的水污染行为给当地造成一定消极影响时，在政府的监管下，企业则负责承担社会责任，如对公众的环境生态补偿 $B_2$。

（7）企业在不治理水污染时面对公众企业也要承担相应的形象损失 $N_3$。

（8）当企业积极治理水污染时，也会促使公众对该企业有良好的形象，这种形象最终会为企业带来相应的商誉然后转化为一定的经济利润流入企业 $R_1$。

（9）在公众不参与的情况下，企业治理的结果在地方政府监管和不监管的情况下分别为 $M_1$、$M_2$。那么，在公众参与的情况下，企业治理的结果在地方政府监管和不监管的情况下分别为 $M_3$、$M_4$，其中企业在公众不参与下的企业水污染治理努力系数在地方政府监管和不监管下分别为 $e_1$、$e_2$，而在公众参与下的企业水污染治理努力系数在地方政府监管和不监管下分别为 $e_3$、$e_4$。

其余参数设置与前面章节一致。

## 二、纳入公众环保活动约束的三方博弈模型构建

假设地方政府监管的概率为 $x$，地方政府不监管的概率为 $1-x$；企业治理的概率为 $y$，企业不治理的概率为 $1-y$；公众参与的概率为 $z$，公众不参与的概率为 $1-z$，由此可以得到如表 7-2 所示的支付矩阵。其中，lg 指地方政府、pe 指企业、pu 指公众。

表 7 - 2　地方政府和企业以及公众三方的水污染治理的支付矩阵

| 公众 | 参与 z | | 不参与 1 - z | |
| --- | --- | --- | --- | --- |
| 企业 | | | | |
| 地方政府 | 治理 y | 不治理 1 - y | 治理 y | 不治理 1 - y |
| 监管 x | $(\prod lg1, \prod pe1, \prod pu1)$ | $(\prod lg3, \prod pe3, \prod pu3)$ | $(\prod lg5, \prod pe5, \prod pu5)$ | $(\prod lg7, \prod pe7, \prod pu7)$ |
| 不监管 1 - x | $(\prod lg2, \prod pe2, \prod pu2)$ | $(\prod lg4, \prod pe4, \prod pu4)$ | $(\prod lg6, \prod pe6, \prod pu6)$ | $(\prod lg8, \prod pe8, \prod pu8)$ |

$$\prod lg1 : \theta_1 M_4 + a\gamma(D - M_4) - \frac{1}{2}\beta C_2 (e_4)^2 - a(1 - \varepsilon)C_1 - B_1$$

$$\prod pe1 : \theta_2 M_4 - \frac{1}{2}(1 - \beta)C_2 (e_4)^2 - a\gamma(D - M_4) - B_2 + R_1$$

$$\prod pu1 : \theta_3 M_4 + B_1 + B_2 - \frac{1}{2}C_3 (\varepsilon)^2$$

$$\prod lg2 : \theta_1 M_3 - N_2$$

$$\prod pe2 : \theta_2 M_3 - \frac{1}{2}C_2 (e_3)^2 + R_1$$

$$\prod pu2 : \theta_3 M_3 + B_2 - \frac{1}{2}C_3 (\varepsilon)^2$$

$$\prod lg3 : a\gamma D - a(1 - \varepsilon)C_1 - B_1$$

$$\prod pe3 : - a\gamma D - B_2 - N_3$$

$$\prod pu3 : B_1 + B_2 - \frac{1}{2}C_3 (\varepsilon)^2$$

$$\prod lg4 : - N_2$$

$$\prod pe4 ; - N_3$$

$$\prod pu4 : - \frac{1}{2}C_3 (\varepsilon)^2$$

$$\prod lg5 : \theta_1 M_2 + a\gamma(D - M_2) - \frac{1}{2}\beta C_2 (e_2)^2 - aC_1 - B_1$$

$$\prod pe5 : \theta_2 M_2 - \frac{1}{2}(1 - \beta)C_2(e_2)^2 - a\gamma(D - M_2) - B_2$$

$$\prod pu5 : \theta_3 M_2 + B_1 + B_2$$

$$\prod lg6 : \theta_1 M_1$$

$$\prod pe6 : \theta_2 M_1 - \frac{1}{2}C_2(e_1)^2$$

$$\prod pu6 : \theta_3 M_1$$

$$\prod lg7 : a\gamma D - a(1 - \varepsilon)C_1 - B_1$$

$$\prod pe7 : -a\gamma D - B_2$$

$$\prod pu7 : B_1 + B_2$$

$$\prod lg8 : 0$$

$$\prod pe8 : 0$$

$$\prod pu8 : 0$$

## 三、模型求解与结果讨论

为进一步分析地方政府管理制度的演变与企业治污行为以及公众参与这三方利益相关者的策略演化分析，设 $U_{11}$ 为地方政府监管的期望，$U_{12}$ 为地方政府不监管的期望，$U_{21}$ 为企业治理的期望，$U_{22}$ 为企业不治理的期望，$U_{31}$ 为公众参与的期望，$U_{32}$ 为公众不参与的期望。

根据表7-2，地方政府采取监管策略的期望收益为

$$U_{11} = yz(\prod lg1) + z(1 - y)(\prod lg3) + (1 - z)y(\prod lg5) + (1 - z)(1 - y)(\prod lg7)$$

地方政府采取不监管策略的期望收益为

$$U_{12} = yz(\prod lg2) + z(1 - y)(\prod lg4) + (1 - z)y(\prod lg6) + (1 - z)(1 - y)(\prod lg8)$$

地方政府的平均期望收益为

$$\overline{U_1} = xU_{11} + (1 - x)U_{12}$$

由此，地方政府采取治理的策略的复制动态方程式为

$$F(x) = \frac{d_x}{dt} = x(U_{11} - \overline{U_1})$$

$$= x[U_{11} - xU_{11} - (1 - x)U_{12}]$$

$$= x(1 - x)(U_{11} - U_{12})$$

$$= x(1 - x)(yz(\prod \lg 1) + z(1 - y)(\prod \lg 3) + (1 - z)y(\prod \lg 5) +$$

$$(1 - z)(1 - y)(\prod \lg 7) - yz(\prod \lg 2) + z(1 - y)(\prod \lg 4) +$$

$$(1 - z)y(\prod \lg 6) + (1 - z)(1 - y)(\prod \lg 8))$$

$$= x(1 - x)yz(\theta_1 M_4 + a\gamma(D - M_4) - \frac{1}{2}\beta C_2(e_4)^2 - \theta_1 M_3 - \theta_1 M_2 -$$

$$a\gamma(D - M_2) + \frac{1}{2}\beta C_2(e_2)^2 + aC_1 + \theta_1 M_1 - a(1 - \varepsilon)C_1) +$$

$$z(N_2) + y(\theta_1 M_2 + a\gamma(D - M_2) - \frac{1}{2}\beta C_2(e_2)^2 - aC_1 - \theta_1 M_1 -$$

$$a\gamma D + a(1 - \varepsilon)C_1) + a\gamma D - a(1 - \varepsilon)C_1 - B_1$$

企业采取治理策略的期望收益为

$$U_{21} = xz(\prod pe1) + z(1 - x)(\prod pe2) + (1 - z)x(\prod pe5) +$$

$$(1 - z)(1 - x)(\prod pe6)$$

企业采取不治理策略的期望收益为

$$U_{22} = xz(\prod pe3) + z(1 - x)(\prod pe4) + (1 - z)x(\prod pe7) +$$

$$(1 - z)(1 - x)(\prod pe8)$$

企业平均期望收益为

$$\overline{U_2} = yU_{21} + (1 - y)U_{22}$$

企业采取监管策略的复制动态方程式为

$$F(y) = \frac{d_y}{dt} = y(U_{21} - \overline{U}_2)$$

$$= y[U_{21} - yU_{21} - (1-y)U_{22}]$$

$$= y(1-y)(U_{21} - U_{22})$$

$$= y(1-y)(xz(\prod pe1) + z(1-x)(\prod pe2) + (1-z)x(\prod pe5) +$$

$$(1-z)(1-x)(\prod pe6) - xz(\prod pe3) + z(1-x)(\prod pe4) +$$

$$(1-z)x(\prod pe7) + (1-z)(1-x)(\prod pe8)$$

$$= y(1-y)\Big(xz\Big(\theta_2 M_4 - \frac{1}{2}(1-\beta)C_2(e_4)^2 - a\gamma(D-M_4) - \theta_2 M_3 -$$

$$\theta_2 M_2 + \frac{1}{2}(1-\beta)C_2(e_2)^2 + a\gamma(D-M_2) + \theta_2 M_1\Big) + z\big(\theta_2 M_3 + R_1 + N_3 -$$

$$\theta_2 M_1\big) + x\Big(\theta_2 M_2 - \frac{1}{2}(1-\beta)C_2(e_2)^2 - a\gamma(D-M_2) + a\gamma D - \theta_2 M_1 +$$

$$\frac{1}{2}C_2(e_1)^2\Big) + \theta_2 M_1 - \frac{1}{2}C_2(e_1)^2\Big)$$

公众采取参与策略的期望收益为

$$U_{31} = xy(\prod pu1) + y(1-x)(\prod pu2) + (1-y)x(\prod pu3) +$$

$$(1-y)(1-x)(\prod pu4)$$

公众采取不参与策略的期望收益为

$$U_{32} = xy(\prod pu5) + y(1-x)(\prod pu6) + (1-y)x(\prod pu7) +$$

$$(1-y)(1-x)(\prod pu8)$$

公众平均期望收益为

$$\overline{U}_3 = zU_{31} + (1-z)U_{32}$$

企业采取监管策略的复制动态方程式为

$$F(z) = \frac{d_z}{dt}$$

$$= z(U_{31} - \overline{U}_3)$$

$$= z[U_{31} - zU_{31} - (1-z)U_{32}]$$

$$= z(1-z)(U_{31} - U_{32})$$

$$= z(1-z)(xy(\prod pu1) + y(1-x)(\prod pu2) + (1-y)x(\prod pu3) +$$

$$(1-y)(1-x)(\prod pu4) - xy(\prod pu5) + y(1-x)(\prod pu6) +$$

$$(1-y)x(\prod pu7) + (1-y)(1-x)(\prod pu8))$$

$$= z(1-z)\Big(xy(\theta_3 M_4 - \theta_3 M_2 - \theta_3 M_3 - B_2 + \theta_3 M_1) + y(\theta_3 M_3 + B_2 -$$

$$\theta_3 M_1) - \frac{1}{2}C_3(\varepsilon)^2\Big)$$

因此，地方政府、企业和公众各利益相关者的复制动态方程式为

$$F(x) = x(1-x)\big(yz(\theta_1 M_4 + a\gamma(D-M_4) - \frac{1}{2}\beta C_2(e_4)^2 - \theta_1 M_3 - \theta_1 M_2 -$$

$$a\gamma(D-M_2) + \frac{1}{2}\beta C_2(e_2)^2 + aC_1 + \theta_1 M_1 - a(1-\varepsilon)C_1) +$$

$$z(N_2) + y(\theta_1 M_2 + a\gamma(D-M_2) - \frac{1}{2}\beta C_2(e_2)^2 - aC_1 - \theta_1 M_1 -$$

$$a\gamma D + a(1-\varepsilon)C_1) + a\gamma D - a(1-\varepsilon)C_1 - B_1\big) \qquad (7-1)$$

$$F(y) = y(1-y)\big(xz(\theta_2 M_4 - \frac{1}{2}(1-\beta)C_2(e_4)^2 - a\gamma(D-M_4) - \theta_2 M_3 -$$

$$\theta_2 M_2 + \frac{1}{2}(1-\beta)C_2(e_2)^2 + a\gamma(D-M_2) + \theta_2 M_1) + z(\theta_2 M_3 + R_1 +$$

$$N_3 - \theta_2 M_1) + x(\theta_2 M_2 - \frac{1}{2}(1-\beta)C_2(e_2)^2 - a\gamma(D-M_2) + a\gamma D -$$

$$\theta_2 M_1 + \frac{1}{2}C_2(e_1)^2) + \theta_2 M_1 - \frac{1}{2}C_2(e_1)^2\big) \qquad (7-2)$$

$$F(z) = z(1-z)\big(xy(\theta_3 M_4 - \theta_3 M_2 - \theta_3 M_3 - B_2 + \theta_3 M_1) + y(\theta_3 M_3 + B_2 -$$

$$\theta_3 M_1) - \frac{1}{2}C_3(\varepsilon)^2\big) \qquad (7-3)$$

采用李雅普诺夫第一方法分析三方博弈主体的复制动态方程的渐近稳定性，即通过分析三方博弈主体的复制动态方程组的雅可比矩阵的特征值的分布，从而判断该系统在某点处的稳定性。由于均衡点的稳定性可以由该系统相应的雅可比矩阵的局部稳定性分析得到[76]，因此，对三方博弈主体的复制

动态方程（7-1）（7-2）（7-3）依次求关于 $x$、$y$、$z$ 的偏导数，得到如下雅可比矩阵：

$$J = \begin{bmatrix} \dfrac{\partial F(x)}{\partial x} & \dfrac{\partial F(x)}{\partial y} & \dfrac{\partial F(x)}{\partial z} \\[2ex] \dfrac{\partial F(y)}{\partial x} & \dfrac{\partial F(y)}{\partial y} & \dfrac{\partial F(y)}{\partial z} \\[2ex] \dfrac{\partial F(z)}{\partial x} & \dfrac{\partial F(z)}{\partial y} & \dfrac{\partial F(z)}{\partial z} \end{bmatrix}$$

其中，各项偏导表达式如下：

$$\frac{\partial F(x)}{\partial x} = (1 - 2x)\Big( yz(\theta_1 M_4 + a\gamma(D - M_4) - \tfrac{1}{2}\beta C_2 (e_4)^2 - \theta_1 M_3 -$$

$$\theta_1 M_2 - a\gamma(D - M_2) + \tfrac{1}{2}\beta C_2 (e_2)^2 + aC_1 + \theta_1 M_1 - a(1 - \varepsilon)C_1) +$$

$$z(N_2) + y\Big(\theta_1 M_2 + a\gamma(D - M_2) - \tfrac{1}{2}\beta C_2 (e_2)^2 - aC_1 - \theta_1 M_1 -$$

$$a\gamma D + a(1 - \varepsilon)C_1\Big) + a\gamma D - a(1 - \varepsilon)C_1 - B_1\Big)$$

$$\frac{\partial F(x)}{\partial y} = x(1 - x)\Big( z(\theta_1 M_4 + a\gamma(D - M_4) - \tfrac{1}{2}\beta C_2 (e_4)^2 - \theta_1 M_3 -$$

$$\theta_1 M_2 - a\gamma(D - M_2) + \tfrac{1}{2}\beta C_2 (e_2)^2 + aC_1 + \theta_1 M_1 - a(1 - \varepsilon)C_1) +$$

$$\theta_1 M_2 + a\gamma(D - M_2) - \tfrac{1}{2}\beta C_2 (e_2)^2 - aC_1 - \theta_1 M_1 -$$

$$a\gamma D + a(1 - \varepsilon)C_1\Big)$$

$$\frac{\partial F(x)}{\partial z} = x(1 - x)\Big( z(\theta_1 M_4 + a\gamma(D - M_4) - \tfrac{1}{2}\beta C_2 (e_4)^2 - \theta_1 M_3 - \theta_1 M_2 -$$

$$a\gamma(D - M_2) + \tfrac{1}{2}\beta C_2 (e_2)^2 + aC_1 + \theta_1 M_1 - a(1 - \varepsilon)C_1) + N_2\Big)$$

$$\frac{\partial F(y)}{\partial x} = y(1 - y)\Big( \big(\theta_2 M_4 - \tfrac{1}{2}(1 - \beta)C_2 (e_4)^2 - a\gamma(D - M_4) -$$

$$\theta_2 M_3 - \theta_2 M_2 + \tfrac{1}{2}(1 - \beta)C_2 (e_2)^2 + a\gamma(D - M_2) + \theta_2 M_1\big) +$$

$$\theta_2 M_2 - \frac{1}{2}(1-\beta)C_2(e_2)^2 - a\gamma(D-M_2) + a\gamma D - \theta_2 M_1 +$$

$$\frac{1}{2}C_2(e_1)^2\Big)$$

$$\frac{\partial F(y)}{\partial y} = (1-2y)\Big(xz\Big(\theta_2 M_4 - \frac{1}{2}(1-\beta)C_2(e_4)^2 - a\gamma(D-M_4) - \theta_2 M_3 -$$

$$\theta_2 M_2 + \frac{1}{2}(1-\beta)C_2(e_2)^2 + a\gamma(D-M_2) + \theta_2 M_1\Big) + z\Big(\theta_2 M_3 + R_1 +$$

$$N_3 - \theta_2 M_1\Big) + x\Big(\theta_2 M_2 - \frac{1}{2}(1-\beta)C_2(e_2)^2 - a\gamma(D-M_2) + a\gamma D -$$

$$\theta_2 M_1 + \frac{1}{2}C_2(e_1)^2\Big) + \theta_2 M_1 - \frac{1}{2}C_2(e_1)^2\Big)$$

$$\frac{\partial F(y)}{\partial z} = y(1-y)\Big(x\Big(\theta_2 M_4 - \frac{1}{2}(1-\beta)C_2(e_4)^2 - a\gamma(D-M_4) -$$

$$\theta_2 M_3 - \theta_2 M_2 + \frac{1}{2}(1-\beta)C_2(e_2)^2 + a\gamma(D-M_2) + \theta_2 M_1\Big) +$$

$$\theta_2 M_3 + R_1 + N_3 - \theta_2 M_1\Big)$$

$$\frac{\partial F(z)}{\partial x} = z(1-z)\big(y(\theta_3 M_4 - \theta_3 M_2 - \theta_3 M_3 - B_2 + \theta_3 M_1)\big)$$

$$\frac{\partial F(z)}{\partial y} = z(1-z)\big(x(\theta_3 M_4 - \theta_3 M_2 - \theta_3 M_3 - B_2 + \theta_3 M_1) + \theta_3 M_3 + B_2 - \theta_3 M_1\big)$$

$$\frac{\partial F(z)}{\partial z} = (1-2z)\Big(xy(\theta_3 M_4 - \theta_3 M_2 - \theta_3 M_3 - B_2 + \theta_3 M_1) + y(\theta_3 M_3 + B_2 -$$

$$\theta_3 M_1) - \frac{1}{2}C_3(\varepsilon)^2\Big)$$

此时，由于在这三方博弈中均衡点 $A(0,0,0)$、$B(1,0,0)$、$C(0,1,0)$、$D(0,0,1)$、$E(1,1,0)$、$F(1,0,1)$、$G(0,1,1)$、$H(1,1,1)$ 这 8 个点为稳定策略状态，因此只需判断这 8 个点的策略演化方向。则这 8 个点对应的雅克比矩阵为

$$
J_A = \begin{bmatrix} a\gamma D - a(1-\varepsilon)C_1 - B_1 & 0 & 0 \\ 0 & \theta_2 M_1 - \dfrac{1}{2}C_2(e_1)^2 & 0 \\ 0 & 0 & -\dfrac{1}{2}C_3(\varepsilon)^2 \end{bmatrix}
$$

$$
J_B = \begin{bmatrix} -(a\gamma D - a(1-\varepsilon)C_1 - B_1) & 0 & 0 \\ 0 & \theta_2 M_2 - \dfrac{1}{2}(1-\beta)C_2(e_2)^2 - a\gamma(D-M_2) + a\gamma D & 0 \\ 0 & 0 & -\dfrac{1}{2}C_3(\varepsilon)^2 \end{bmatrix}
$$

$$
J_C = \begin{bmatrix} \theta_1 M_2 + a\gamma(D-M_2) - \dfrac{1}{2}\beta C_2(e_2)^2 - aC_1 - \theta_1 M_1 - B_1 & 0 & 0 \\ 0 & \dfrac{1}{2}C_2(e_1)^2 - \theta_2 M_1 & 0 \\ 0 & 0 & \theta_3 M_3 + B_2 - \theta_3 M_1 - \dfrac{1}{2}C_3(\varepsilon)^2 \end{bmatrix}
$$

$$
J_D = \begin{bmatrix} N_2 + a\gamma D - a(1-\varepsilon)C_1 - B_1 & 0 & 0 \\ 0 & \theta_2 M_3 + R_1 + N_3 - \dfrac{1}{2}C_2(e_1)^2 & 0 \\ 0 & 0 & \dfrac{1}{2}C_3(\varepsilon)^2 \end{bmatrix}
$$

$$
J_E = \begin{bmatrix} -\left(\theta_1 M_2 + a\gamma(D-M_2) - \dfrac{1}{2}\beta C_2(e_2)^2 - aC_1 - \theta_1 M_1 - B_1\right) & 0 & 0 \\ 0 & -\left(\theta_2 M_2 - \dfrac{1}{2}(1-\beta)C_2(e_2)^2 - a\gamma(D-M_2) + a\gamma D\right) & 0 \\ 0 & 0 & \theta_3 M_4 - \theta_3 M_2 - \dfrac{1}{2}C_3(\varepsilon)^2 \end{bmatrix}
$$

$$
J_F = \begin{bmatrix} -(N_2 + a\gamma D - a(1-\varepsilon)C_1 - B_1) & 0 & 0 \\ 0 & \theta_2 M_4 - \dfrac{1}{2}(1-\beta)C_2(e_4)^2 - a\gamma(D-M_4) + R_1 + N_3 + a\gamma D & 0 \\ 0 & 0 & \dfrac{1}{2}C_3(\varepsilon)^2 \end{bmatrix}
$$

$$
J_G = \begin{bmatrix} \theta_1 M_4 + a\gamma(D-M_4) - \dfrac{1}{2}\beta C_2(e_4)^2 - \theta_1 M_3 - a(1-\varepsilon)C_1 + N_2 - B_1 & 0 & 0 \\ 0 & -\left(\theta_2 M_3 + R_1 + N_3 - \dfrac{1}{2}C_2(e_1)^2\right) & 0 \\ 0 & 0 & -\left(\theta_3 M_3 + B_2 - \theta_3 M_1 - \dfrac{1}{2}C_3(\varepsilon)^2\right) \end{bmatrix}
$$

$$
J_H = \begin{bmatrix} -\left(\theta_1 M_4 + a\gamma(D-M_4) - \dfrac{1}{2}\beta C_2(e_4)^2 - \theta_1 M_3 - a(1-\varepsilon)C_1 + N_2 - B_1\right) & 0 & 0 \\ 0 & -\left(\theta_2 M_4 - \dfrac{1}{2}(1-\beta)C_2(e_4)^2 - a\gamma(D-M_4) + R_1 + N_3 + a\gamma D\right) & 0 \\ 0 & 0 & -\left(\theta_3 M_4 - \theta_3 M_2 - \dfrac{1}{2}C_3(\varepsilon)^2\right) \end{bmatrix}
$$

由李雅普诺夫第一方法可知，当且仅当在该点处的雅可比矩阵的所有特征值都为负数时，该点为渐近稳定点。很显然，$J_D$、$J_F$ 有大于 0 的特征值，

因此 $D$ 点和 $F$ 点都不是稳定点，故接下来讨论其他 6 个点的稳定性：

当 $a\gamma D - a(1-\varepsilon)C_1 - B_1 < 0$、$\theta_2 M_1 - \dfrac{1}{2}C_2(e_1)^2 < 0$ 时，A $(0,0,0)$ 为稳定状态点，即在企业不治理、地方政府监管的情况下，通过对企业的惩罚所获取的收益小于当公共参与后地方政府的监管成本以及地方政府对公众的生态补偿，地方政府选择的是不监管；企业在地方政府不监管、公众不参与的情况下治理水污染所获取的环境收益小于此时水污染的治理成本，企业选择的是不治理；并且，此时对公众而言，没有地方政府和企业对公众的补偿，公众只付出参与成本，那么公众的净收益小于 0，公众选择的也是不参与。因此，此时的稳定状态是地方政府不监管、企业不治理、公众不参与。

当 $a\gamma D - a(1-\varepsilon)C_1 - B_1 > 0$、$\theta_2 M_2 - \dfrac{1}{2}(1-\beta)C_2(e_2)^2 - a\gamma(D-M_2) +$ $a\gamma D < 0$ 时，B $(1,0,0)$ 为稳定状态点，即在企业不治理、地方政府监管的情况下，通过对企业的惩罚所获取的收益大于当公共参与后地方政府的监管成本以及地方政府对公众的生态补偿，因此地方政府选择的是监管。企业在地方政府监管、公众不参与的情况下治理水污染所获取的支付净收益如下：环境收益扣除治理成本以及当地政府的惩罚小于企业不治理支付的处罚时，企业选择的是不治理策略；公众此时依然只有参与成本的付出而没有任何补偿，那么公众的净收益依旧小于 0，因此此时的稳定状态是地方政府监管、企业不治理、公众不参与。

当 $\theta_1 M_2 + a\gamma(D-M_2) - \dfrac{1}{2}\beta C_2(e_2)^2 - aC_1 - \theta_1 M_1 - B_1 < 0$，$\dfrac{1}{2}C_2(e_1)^2 - \theta_2 M_1 < 0$，$\theta_3 M_3 + B_2 - \theta_3 M_1 - \dfrac{1}{2}C_3(\varepsilon)^2 < 0$ 时，C $(0,1,0)$ 为稳定状态点，即地方政府在企业治理、公众不参与的情况下，当地政府在监管下的支付净收益：获取的环境收益和企业缴纳的罚金扣除对企业的补偿和公众的补偿以及监管成本小于地方政府在不监管的情况下所获得的支付净收益时，地方政府选择的是不监管；企业在地方政府不监管、公众不参与的情况下的环境收益扣除治理成本大于 0 时，企业的水污染策略是治理；公众在地方政府不监管以及企业治理的情况下参与水污染治理行为的净收益小于不参与的净收益时，公众选择的是不参与。因此，此时的稳定状态是地方政府

不监管、企业治理、公众不参与。

当 $\theta_1 M_2 + a\gamma(D - M_2) - \frac{1}{2}\beta C_2(e_2)^2 - aC_1 - \theta_1 M_1 - B_1 > 0$, $\theta_2 M_2 - \frac{1}{2}(1-\beta)C_2(e_2)^2 - a\gamma(D - M_2) + a\gamma D > 0$, $\theta_3 M_4 - \theta_3 M_2 - \frac{1}{2}C_3(\varepsilon)^2 < 0$ 时，$E(1, 1, 0)$ 为稳定状态点，即地方政府在企业治理、公众不参与的情况下，当地政府在监管下的支付净收益：获取的环境收益和企业缴纳的罚金扣除对企业的补偿和公众的补偿以及监管成本大于地方政府在不监管的情况下所获得的支付净收益时，地方政府选择的是监管。企业在地方政府监管、公众不参与的情况下治理水污染所获取的支付净收益：环境收益扣除治理成本以及当地政府的惩罚大于企业不治理时的支付净收益时，企业选择的是治理；而对公众而言，公众在地方政府监管和企业治理的情况下，公众参与水污染治理的环境收益扣除参与成本小于不参与所获取的环境收益时，公众选择的是不参与。因此，此时的稳定状态是地方政府监管、企业治理、公众不参与。

当 $\theta_1 M_4 + a\gamma(D - M_4) - \frac{1}{2}\beta C_2(e_4)^2 - \theta_1 M_3 - a(1-\varepsilon)C_1 + N_2 - B_1 < 0$, $\theta_2 M_3 + R_1 + N_3 - \frac{1}{2}C_2(e_1)^2 > 0$, $\theta_3 M_3 + B_2 - \theta_3 M_1 - \frac{1}{2}C_3(\varepsilon)^2 > 0$ 时，$G(0, 1, 1)$ 为稳定状态点，即地方政府在企业治理以及公众参与的情况下，地方政府监管的净收益。治理水污染所获得的环境收益以及收取的企业罚金扣除对企业治理水污染的补偿和公众的生态补偿以及地方政府自身的监管成本小于地方政府不监管的净收益：企业治理、公众参与所带来的环境收益扣除损失，地方政府选择的是不监管；企业在公众参与以及地方政府不监管治理的净收益：环境收益加上公众带给企业的商誉等收益，再扣除企业的治理成本后结果大于企业不治理的形象损失时，企业选择的是治理；公众在地方政府不监管以及企业治理的情况下参与水污染治理行为的净收益大于不参与的净收益时，公众选择的是参与。因此，此时的稳定状态是地方政府监管、企业治理、公众参与。

当 $\theta_1 M_4 + a\gamma(D - M_4) - \frac{1}{2}\beta C_2(e_4)^2 - \theta_1 M_3 - a(1-\varepsilon)C_1 + N_2 - B_1 > 0$, $\theta_2 M_4 - \frac{1}{2}(1-\beta)C_2(e_4)^2 - a\gamma(D - M_4) + R_1 + N_3 + a\gamma D > 0$, $\theta_3 M_4 - \theta_3 M_2 - $

$\frac{1}{2}C_3(\varepsilon)^2 > 0$ 时，$H$（1，1，1）为稳定状态点，即地方政府在企业治理以及公众参与的情况下，地方政府监管的净收益。治理水污染所获得的环境收益以及收取的企业罚金扣除对企业治理水污染的补偿和公众的生态补偿以及地方政府自身的监管成本大于地方政府不监管的净收益。企业治理、公众参与所带来的环境收益扣除损失时，地方政府的选择是监管；企业在公众参与以及地方政府监管的情况下，企业治理的净收益：环境收益加上公众带给企业的商誉等收益扣除企业的治理成本以及地方政府的罚金大于企业不治理的形象损失和政府的罚金时，企业的选择是治理；而对公众而言，公众在地方政府监管和企业治理的情况下，公众参与水污染治理的环境收益扣除参与成本大于不参与所获取的环境收益时，公众的选择是参与。因此，此时的稳定状态是地方政府监管、企业治理、公众参与。

### 四、总结

基于利益相关者角度以及演化博弈方法对地方政府与企业有关沱江流域水污染治理的策略选择的演化博弈模型构建以及分析，得出有关地方政府对企业水污染治理行为监管的环境收益、监管成本、企业进行水污染治理行为的环境收益、治理成本，以及地方政府对企业治理和不治理水污染行为的处罚与补偿措施等一系列参数对地方政府和企业关于水污染治理以及监管策略演化方向影响的结论，解释了各利益主体在流域水污染治理以及监管策略演化的内在作用机制。

地方政府与企业两者之间关于水污染治理的博弈脱离不了中央政府的监管。特别是党的十九大以来，"绿水青山就是金山银山"体现出中央政府对环境保护的高度重视。那么，在中央政府的严格监管下，在对地方政府加上上级环保考核的约束下，在地方政府与企业两者的基础博弈模型中纳入中央政府监管条件，纳入上级环保考核约束，构建各利益相关者的博弈模型进行分析，得出政绩的提高促使了地方政府监管策略的选择朝着对企业的水污染治理行为积极监管的方向演化。从目前出台的关于环境保护、沱江流域水污染防治条例等政策文件中可以看到政府逐步加入环保政绩的考核要求，如目标考核制、考评评价制度，地方政府也加强监管措施，制定巡查督办、信用周报等制度以加大对企业水污染治理行为的监管力度，在上级政府的严格监管下，地方政府与企业之间的关系会因为各自的利益冲突而破裂，从而"政企合谋"现象也会相应减少。

在中央政府、地方政府和企业三方利益主体对水污染进行治理的博弈时，公众在其中的参与也是不容忽视的。公众作为社会监督的主体，降低了地方政府对企业的监管成本，如一些地方政府设立水源地保护监督员，同时公众的环境诉求也促进地方政府对企业水污染治理进行严格监管。有的地方政府鼓励公众举报企业水污染行为，这将极大促进企业水污染治理的策略朝积极治理方向演化。同时，公众作为水污染的受害者，地方政府和企业需要对公众进行生态补偿，弥补公众参与水污染治理的成本，因此公众在补偿的情况下面对水污染治理行为策略的选择同样朝着参与的方向演化。

现实生活中，大部分地方政府承担了主要的治理责任，如采取建立污水处理厂、净化污染流域、保护水源地等一系列举措，对企业水污染治理行为的监管是地方政府面对水污染治理复杂工程的重要举措，侧重地方政府对水污染治理的监管行为，即是从水污染排放的源头处进行约束。同时，公众参与的形式各种各样，不仅是个人还有许多环保公益组织以及社会资本的介入，这都将对水污染治理行为主体的策略有着不同的影响。随着越来越多的积极影响因素的介入，水污染治理中"政府、企业、社会共治"的局面最终会形成，水污染的现象将得到较大改善。

# 第八章 沱江流域水污染治理中的
# 利益协调机制研究

流域水污染具有区域性和外部性特征，跨界水污染问题涉及多个行政辖区的地方利益，缺乏成熟制度设计的情况下通常难以有效协同解决。构建沱江流域水污染治理利益协调机制可以最大程度地实现中央政府、流域各地方政府、企业和公众在水污染治理中的共同利益，降低利益冲突导致的效率损失，为推动沱江流域生态环境根本好转，推动美丽四川建设和长江经济带绿色发展提供更有力的体制机制保障。在前述第四、五、六、七章分析探讨的基础上，本章就如何有效构建沱江流域水污染治理中的利益协调机制进行探讨和研究。

## 一、沱江流域水污染治理中的利益协调分析

1984 年，弗里曼将利益相关者定义为"能影响组织目标的实现或被组织目标的实现所影响的个人或群体"[29]。利益相关者在实践中扮演着组织、参与、参加、提供和支持等多重角色[31]，并因其社会政治地位的不同呈现出多样性和复杂性[32]。流域水污染治理中的各利益相关者在水污染治理实践中具有不同的利益诉求，不同利益相关者之间存在利益对抗、纠纷、争夺、差别、分歧、竞争、缺乏协调等冲突，水污染防治的实质是各利益相关者间利益关系的调整、利益冲突的协调过程。沱江流域水污染治理的有效达成和实现，

必须基于对水污染治理中各利益主体的利益诉求、冲突及关联等的清晰认识，必须基于对水污染治理中的利益协调有较精准的分析。

### （一）中央政府与地方政府间的纵向利益协调分析

市场在解决水环境问题这一公共物品供给时是无效率或低效率的，政府作为公共资源的管理者和公共物品的提供者，介入水环境治理是破解市场失灵的有效途径之一。在流域水污染治理过程中，中央政府和地方政府是相对独立的行为主体和利益主体，是纵向的委托-代理关系。中央政府代表全体居民的公众利益，出台水污染防治的相关法律法规，制定流域水污染治理的整体规划，监督各地方政府在治理水污染过程中的行为，是流域水污染治理的政策制定者、调控监督者。

由于水污染的流动性和跨界性决定了水污染治理中中央政府、地方政府及相关政府职能部门间有着较为紧密的利益关系。中央政府和地方政府都具有经济人的特点，但是两者的总体目标和利益诉求存在差异，中央政府追求社会、经济、生态整体利益最大化，地方政府追求地方社会、经济、生态总绩效[47]。在我国现行的行政管理体制下，中央政府追求流域水污染治理的整体利益最大化，流域内各地方政府和官员追求地方利益和官员个人利益最大化，两者之间的利益冲突导致流域内各地方政府为了追求地方利益和官员个人利益最大化，对中央政府的环保政策执行力度不足，博弈行为就此产生。

以沱江流域水污染治理为例，在流域水污染协同治理转移支付时，上、中、下游之间的补偿费用与利益分配问题会加深上、中、下游地区各地方政府之间的利益冲突。从理性经济人角度分析，流域各地方政府对待"经济发展与环境保护"问题上目标并不一致，地方政府从各地方利益和自身利益的考量出发，在水污染治理中可能会通过各种途径尽可能多地获得地方和个人经济利益与政治资本，在流域水污染治理中相互推脱责任，形成错综复杂的利益冲突与摩擦，催生出各种矛盾与冲突，导致跨行政区的水污染治理难度增大，中央的水污染防治政策措施难以得到有效落实，出现流域各地方政府水污染治理的"公共地悲哀"，带来"集体的非理性"。要实现流域上、中、下游跨流域协同治理，协调流域各地方政府之间的利益，就需要建立一套基于公共政策和系统法律规范基础上的利益协调机制和利益分配机制，理顺流域上、中、下游间的生态关系和利益关系，促进流域水环境治理与社会经济的可持续发展。

长江上游是我国重要的生态屏障，沱江是长江上游的重要支流，也是长江上游污染最严重的支流。沱江流域水污染治理关系着整个长江流域的生态安全和绿色发展。沱江流域水污染治理过程实际上就是不同利益主体之间进行利益博弈的过程。博弈主体之间相互制约、相互作用，共同参与流域的水污染治理，如无强制力制约，很难达到集体利益最大化。当前，我国还正处于对系统、科学、有效的流域治理顶层设计的不断探索中。在流域水污染治理中，纵向上中央政府与地方政府间存在整体利益与地方利益的冲突，若中央政府监管不到位，部分中央政府的水污染治理投入可能被地方政府挪用。与中央环保职能监督机构相比，地方环境规制部门在人事、经费等方面均受制于地方政府，其环境规制缺乏独立性[77]。而地方政府作为区域管理的主角，对流域水污染治理起着至关重要的作用。因此，实现沱江流域绿色发展需构建纵向利益监管机制，强化中央的垂直化管理，中央政府要对地方政府的水污染治理行为加强监管，协调好流域内各地方政府间的环保权责利，并将水污染治理成效纳入地方政府政绩考核体系中。

### （二）流域各地方政府间的横向利益协调分析

在流域水污染治理中，各级地方政府都具有贯彻中央政府环境保护政策和实现辖区内经济繁荣、生态可持续发展的双重身份。我国的生态环境治理以行政区划为管理"单元"，地方政府管理机构凭借其政治资本优势突出，是该行政区域内最为重要的环境治理主体，也是最具影响目标实现的利益相关者。《中华人民共和国水污染防治法》规定，"县级以上地方人民政府应当采取防治水污染的对策和措施，对本行政区域的水环境质量负责""国家实行水环境保护目标责任制和考核评价制度，将水环境保护目标完成情况作为对地方人民政府及其负责人考核评价的内容"[78]。《四川省沱江流域水环境保护条例》第四条、第六条分别规定，"地方各级人民政府对本行政区域内沱江流域水环境质量负责""沱江流域水环境保护实行目标责任制和考核评价制度，将水环境保护目标完成情况作为考核评价地方人民政府及相关主管部门的重要内容"[34]。这些为界定沱江流域各地方政府是沱江流域水污染治理的第一责任主体，是水污染治理的主导者、协调者、促进者和监督者提供了依据。

流域各地方政府是相对独立的利益主体，负责执行上级政府的水污染治理政策，并监督辖区内的企业治污排污情况。地方政府既期望得到上级政府有关环保政策的资金支持，又期望把水污染治理的成本向上级政府或流域内其他地方政府分摊，还要兼顾与相邻政府的关系。因此，流域各地方政府是流域水污染治理政策制度能否得到有效执行的重要保证，处于流域治理的中心地位。在流域水污染治理中，中央政府将环保目标分解到地方，需要流域地方政府进行横向水污染协同防治，但行政区划分割性使地方政府在流域水污染防治上难以有效合作[79]，会导致"公共地悲剧"的发生。有鉴于此，流域各地方政府间的横向博弈和利益协调尤为关键。

流域水资源具有公共性和公用性。共同保护流域水环境是流域各地方政府的重要职责之一，但流域水污染保护治理中政府不同层级、不同地方、不同职能部门之间水污染治理目标、治理动机与利益诉求不同，博弈及"搭便车"行为就成为流域治理外部性的主要原因[80]。制度性集体行动理论认为，出于"成本-收益"分析考量，只有当收益大于成本时，地方政府在进行集体行动时，特定的集体行动才会发生[81]。若流域各地方政府在利益一致的基础上，协同对流域水污染进行治理，有助于促进流域整体经济的协调发展和保护流域生态环境，可以实现"帕累托改进"；当流域各地方政府面临自身利益最大化与流域整体利益最大化冲突时，流域各地方政府从地方利益出发，会纵容水污染，损害流域整体利益，造成"帕累托效率"的损失。

具体到沱江流域水污染治理，地方政府间可能存在地方利益冲突以及不同职能部门间的部门利益冲突，若流域各地方政府各自追求地方经济利益最大化，则会导致地方政府水污染治理投入不足，沱江流域生态环境恶化，沱江流域的经济社会可持续发展难以实现。沱江流域水环境污染的外部性与地区利益的冲突是沱江流域内不同层级政府、不同地方政府和政府部门之间达成协作水污染治理行动的障碍。只有流域各地方政府采取一致的行动，才能有效解决水污染的外部性，从而提高沱江流域水污染防治的成效。可见，实现沱江流域水污染的有效防治，流域各地方政府在思想上的高度认同是前提和基础，重点在于建立起流域各地方政府间水污染防治公平合理的横向利益协调机制。

### （三）行政区内部的多元利益协调分析

西方发达国家近百年来的水环境保护理论和实践表明，水污染治理应从政府主导治理向政府、企业、居民等共同参与的全社会多元共治转变，从单个行政地区治理向整个流域协作综合治理转变，构成相互配合、相互制约的横向、纵向的多维度、多层次的立体化网络治理体系。企业既是地方经济的运行主体，又是环境污染的制造者和削减者，是污染控制的主要对象，也是流域水污染治理的重要责任主体。我国企业具有显著的社区特征，与辖区政府有密切的交互作用。流域各地方政府与流域排污企业作为两个不同的利益主体，既存在相互依存的关系，又有利益冲突。流域各地方政府为了追求地方社会、经济和生态发展的总绩效（政绩），会依靠行政权力对本地区的排污企业进行管理和监督；流域排污企业作为"经济人"，必须自己评估水污染治理的成本利益，并通过各种策略与地方政府进行博弈，以获得最大化利润。流域排污企业作为排污主体，企业直接掌握比较真实的环境信息和治污技术。然而，作为理性经济人，出于治污成本和利润衡量，他们往往不愿意向政府提供真实信息，这使得政府掌握的监测数据不准确，共享机制如同虚设[82]。作为"经济人"的地方政府，为了应对流域排污企业的超标排放风险，有必要对流域排污企业制定监管及激励机制，以提高企业减排的积极性。

我国水污染治理主要是通过各种行政手段、法律法规来推行，缺乏社会和公众的广泛参与。从国际的角度看，公众是环境保护的主力，环境保护要靠大家积极参与，流域公众参与共治水污染是流域水污染治理的社会基础。水环境保护与流域公众的生活息息相关，水污染会直接破坏流域公众的生存环境，威胁公众的自身利益，降低生活质量，公众的利益偏好是提高环境质量和生活质量。在流域水污染治理中，流域公众既是水污染治理的直接受益者（受害者），又是水污染治理的参与者和监督者。在"委托-代理"理论中，公众通过委托政府机构和官员解决因"集体行动困境"而引起的水污染治理问题[83]。根据利益相关者理论，利益相关者由于目标和偏好的不同，对目标决策的参与水平不同，决策者要针对不同的利益相关者做出适当的决策。[84]只有流域居民开始感受到污染问题对生存和发展带来的巨大冲击，进而参与到水污染防治中，水污染防治才有可靠保障。

公众参与水污染治理无须专门付出额外的经济成本，可以节约水污染治理中的交易费用。沱江流域居住着近 3 000 万人口，流域公众受水污染的直接影响，沱江流域水资源的保护和开发与公众利益息息相关，对于水污染治理有极大的愿景，是水污染治理的监督者、参与者和受益者（受害者）。公众参与沱江流域水污染治理不仅能从源头上减轻流域水污染治理压力，还能对流域水污染治理开展实时有效的监督。为此，政府应发挥其作为水污染治理多元主体的核心作用，引导和鼓励公众参与沱江流域水污染治理。此外，非政府组织和学术机构为政府和企业的污染治理提供技术和决策咨询，是水污染治理的协助者。媒体一方面维护公众利益，反映公众诉求，参与政府相关环境保护行动，向企业和公众宣传环保知识；另一方面，利用媒体等手段，对政府和企业的行为进行报道监督，是水污染治理的宣传者和监督者。

## 二、沱江流域水污染治理利益协调机制设计

水资源作为一种公共自然资源，很容易产生"公共地悲剧"。各个利益相关者需要通过博弈，在权利和义务之间做出选择，最终建立合理的利益协调机制。国内外水污染治理的经验表明，合理的制度设计能够使政府充分运用行政、经济、法律等手段，有效地协调不同利益主体之间的利益关系，降低在治理过程中利益冲突所导致的效率损失。沱江流域水污染治理能否建立起有效的利益协调机制在很大程度上取决于能否理顺各利益主体权责，建立公平有效的纵向利益分配与激励机制，找到利益契合点；建立畅通合理的横向利益协商与补偿机制，在区域内调动各利益主体的积极性；建立公开透明的多元利益监督与反馈机制，为沱江流域水污染协同治理制度化安排创造条件。

### （一）建立公平合理的纵向利益分配与激励机制

目前，我国依靠中央政府，采取行政命令和控制性法律法规来实现流域水污染的地方政府治理，水污染治理市场化利益分配机制尚不完善，生态补偿标准、范围等仍存在分歧，市场化的排污权有偿使用和交易制度、第三方治理等市场调节机制尚处于探索与创新阶段。行政命令和控制性法律法规下的流域水污染治理，缺乏有效的利益协调，缺乏对流域各地方政府参与流域

水污染治理的纵向利益分配与激励机制，导致流域各地方政府参与水污染治理的动力与积极性不足。建立与行政命令和控制性法律法规互补的纵向利益分配与激励机制，在流域水污染协同治理中形成约束与激励均衡的协调机制，有利于提高地方政府水污染联防共治的积极性，是实现沱江流域各利益相关者利益诉求最大化的重要手段。

1. 建立公平的纵向利益分配机制

政府间的关系很大程度上是利益关系。由于水污染的流动性和跨界性决定了水污染治理中中央政府、省级政府、流域各地方政府及相关政府职能部门间有着较为紧密的利益关系。利益分配机制具有激励与约束功能，通过竞争、合作、妥协等方式实现契约的制度化，能够有效平衡沱江流域水污染各利益主体的利益关系，明晰各方预期收益，规范各利益主体的行为，降低水污染协同治理过程中的不确定性，健全沱江流域水污染治理利益协调机制[86]。

实现沱江流域水污染的有效治理，利益相关者在思想上的高度认同是前提和基础，重点在于不同利益相关者之间公平合理的利益分配。只有相关各方采取一致的行动，才能有效解决水污染的外部性，从而提高沱江流域水污染治理的成效[87]。应发挥好中央政府的利益分配调控职能。中央政府作为整个长江流域水污染治理的调控者、各级地方政府的共同上级，应避免地区间的产业同构，促进流域协调发展，并按照流域各地方经济发展程度、政府财力状况、居民收入、水污染治理任务及投入等，建立起一整套公平、合理、可操作、规范的转移支付制度，限制不规范的竞争行为[88]。

2. 建立合理的纵向激励机制

在我国现行体制下，地方政府官员政治升迁更多依赖上级政府的政绩评价，而不是本地居民的投票。中央政府与地方政府之间的关系，从行政隶属关系来看，是上下级关系，中央政府有权决定地方政府官员的政治生命。而政治升迁对于各级地方政府官员来说，意味着将拥有更大的政治权力和政治声誉，有助于施展更大的政治抱负。所以，在讨论中央和地方的利益关系时，地方官员职位的晋升就成为必须充分考虑的激励因素。在我国现有的政府治理结构下，地方政府的目标基本等同于地方政府主要官员的目标，而官员的目标是追求任期内政绩最大化。流域各地方政府若未能按时完成减排任务，其主要官员将丧失职位晋升、建设项目审批资格、评优评先等机会，这一绩效考核标准的变化会激励流域各地方政府努力降低污染外部性，在地方经济发展和流域水污染治理间权衡取舍。

特定的政绩考评体系会产生特定的政府行为。合理的环保考核评价指标体系和机制能够促进环境治理向"良性竞争"的方向发展[89]。从中央政府层面设计一套科学合理、可操作性强、统筹地方经济社会环境和谐发展的干部绩效考核指标体系，明确对地方党委和政府领导班子主要负责人、有关领导人员、部门负责人的追责情形和认定程序，有助于协调好地方利益与地方政府主要官员的个人利益，促进地方经济增长和环境保护同步协调发展。地方政绩考核中的各项考核指标反映了上级政府对各项工作的态度，环境保护类指标权重的大小将显著影响各地方政府对流域水污染治理工作的精力投入。加强对流域各地方政府的环境约束和环境监管，提高环保等关乎民生的社会问题的考核权重，改变个别官员的"唯GDP"倾向，有助于调动地方政府的水污染治理的积极性，有助于协调中央政府与地方政府间环境治理目标与地方利益的矛盾，使流域水污染治理与流域各地方政府官员私利保持一致。沱江流域水污染治理需进一步明晰各利益主体的权利和义务，明确进行纵向利益分配和激励的具体流程与方法，制定相关的制度和实施细则以及相应的奖惩办法，以确保利益主体参与水污染防治的利益协调能够做到有法可依、有据可循、执行落实到位。

### （二）建立畅通合理的横向利益协商与补偿机制

跨界水污染防治难的主要原因在于，跨界水污染治理中不同地方政府之间的利益关系很难协调，从而产生集体行动困境[80]。流域各地方政府按照行政区划分别治理的水污染地方分治模式打破了流域自身的整体性，造成流域水污染治理碎片化，地方政府间的利益关系难以协调，流域整体治理质量效果不佳。畅通合理的利益协商与补偿机制是解决流域水污染治理各利益主体利益诉求矛盾冲突的最基本制度安排。

1. 建立畅通的横向利益协商机制

开放畅通的多元参与利益表达协商机制是推进沱江流域水污染协同治理的最根本制度保障。沱江流域各地方政府间应建立起有效的、常态化的利益表达和协商机制，鼓励各利益主体通过利益表达和协商机制来有效维护自己合法利益。要从制度上保障落实流域各地方政府在沱江流域水污染治理中的话语权、参与权和知情权，使流域各地方政府保持平等的地位、平衡的发言权，定期或不定期地就沱江流域水污染防治重大问题、重要决策、重要情况进行平等对话和民主协商，并把它作为流域不同地方政府和地方官员个人利益诉求的一种基本形式加以规范，开辟新的利益诉求渠道。公众作为流域水污染的直接受害者，具有参与流域水污染治理的内在需求和动力。为此，沱江流域水污染治理还应建立一个便民且畅通的水污染治理利益表达和协商机制，通过官方或非官方渠道[90]，流域排污企业、公众的合理诉求、合法权益得以迅速规范顺畅地向流域各地方政府表达。建立通畅的利益表达渠道，以理性的方式合理表达利益诉求，促进沱江流域水污染治理各方面的利益统筹协调。

2. 建立合理的横向利益补偿机制

利益补偿机制是利益协调的重要内容，是利益协调无效或低效的"查漏补缺"手段，是整个利益协调系统的重要环节[90]。利益补偿机制利用市场手段对流域各地方政府参与水污染治理进行合理补偿，注重以政府之手激发市场自身潜能[91]，降低了"逆向选择"与"道德风险"发生的概率，也降低了流域各地方政府参与水污染治理的成本，有利于协调区域生态效益与经济效益的矛盾[85]。目前，我国缺乏专门的水生态补偿法律法规，水生态补偿多为原则性规定，无水生态补偿的具体制度。《中华人民共和国水污染防治法》等法律规范对相关领域的生态补偿做了具体规定，但这些规定缺乏统一的立法原则指引，体制上存在多头管理、补偿范围不明确、补偿标准不科学、补偿模式比较单一、资金来源缺乏、政策法规体系建设滞后等问题。

尽管成都市与自贡、泸州、内江等 6 个沱江流域沿岸的城市共同签署了《沱江流域横向生态保护补偿协议》，设立了沱江流域横向生态补偿资金，但沱江流域不同地方利益主体缺乏有效协商，对水生态补偿的义务、补偿范围、补偿方式和生态服务功能价值认定上仍存在分歧。建立合理的沱江流域利益补偿机制，就是要采取行之有效的措施，对于因流域水污染治理造成利益受损的流域各地方政府、排污企业与公众，提供及时、合理、公正的利益补偿，以最大限度地降低流域水污染治理给部分利益主体带来的损失。按照"保护者得偿、受益者补偿、损害者赔偿"的原则，沱江流域沿岸城市应进一步完善《沱江流域横向生态保护补偿协议》，综合考虑沱江流域各城市的水污染治理直接成本、机会成本，通过各利益主体的平等协商，确定一个公平合理的各方能够接受的生态保护补偿方案，制定合理的横向生态保护补偿标准，通过多样化补偿形式，加快建立"成本共担、效益共享、合作共治"的沱江流域水污染治理横向利益补偿长效机制。

### （三）建立公开透明的多元利益监督与反馈机制

理论与实践证明，由政府单一主导的跨流域水污染治理模式往往造成环境规制效率不高。由于我国政府管理体制具有"条块结合、以块为主"的特点，公众参与水污染治理的参与权利得不到有效保障，受常人的生存理性和专业壁垒的约束，他们鲜少参与流域水污染治理的决策与监督[38]。只有构建一个自上而下、平行制约和自下而上的有机统一的利益表达、协商、分配、补偿体系，恰当地平衡和保障沱江流域水污染治理中各利益主体的利益，处理好各利益主体间的关系，消除利益分配和补偿中的封闭性和神秘性，处理好中央政府、地方政府与流域排污企业、公众利益间的利益平衡，才能实现沱江流域水污染治理各利益主体内部利益与外部利益的平衡。

地方政府是生态环境保护的主要责任主体。然而，现行环境法律重地方政府环境权力、轻政府环境义务；重对行政相对人的责任追究、轻对地方政府环境责任的问责；导致地方政府不履行环境责任或履行环境责任不到位。沱江流域水污染治理工作由于涉及面广、责任主体多，适用法律法规多，但缺乏相应实施细则，市级执法操作难、空间大，各职能部门在执法过程中缺乏联动，对违法行为打击力度不够，水污染治理工作尚未形成齐抓共管、紧密合作的强大合力。建立健全公开透明的多元利益监督与反馈机制，赋予沱江流域水污染治理各利益主体更大的知情权、参与权和决策权，以便对利益表达、协商、分配、补偿等工作进行协调，确保利益协调工作的有序进行。

国外各成功治水举措都有与之配套的监督协调机制，明确规定了流域管理机构的职责与权限并进行有效的监督。建立公开透明的沱江流域水污染治理利益监督和反馈机制，首先，纵向上，依托四川省生态环境机构监测监察执法垂直管理改革，捋顺自上而下的环保部门的内部关系，强化对地方政府的环保监督；抓紧建立环保责任清单，明确沱江流域市县两级政府以及环保机构的环保职责，通过落实责任以更好地实现环保垂直监督。其次，横向上，建立常态化的沱江流域河长联席协调会议机制，推进"条块结合"，减少跨流域水污染治理协调难度，提高治理效率。最后，流域内充分利用新媒体资源，推进政务公开，用好省级政务云数据交换共享平台、移动 App 等新媒体，建立沱江流域水污染治理信息定期发布制度，环境质量报告、污染项目行政审批、环境破坏案件情况、对公众环境权利可能造成重大影响的环保信息须定期向公众公开，防止水污染治理中产生权钱交易、权权交易等违法犯罪活动，增强各利益主体的自律性。

# 第九章 研究结论与政策建议

跨区域流域水污染治理问题的实质是流域环境资源利用过程中各地区之间的利益冲突问题。本书以沱江流域水污染治理中的利益冲突与协调机制构建为研究对象，主要围绕沱江流域水污染治理中的利益关系格局、利益相关者策略性行为和利益协调机制三个问题展开，通过纵横利益关系的分析，形成了理顺各利益主体权责，找到利益契合点，建立公平有效的纵向利益分配与激励机制、畅通合理的横向利益协商与补偿机制、公开透明的多元利益监督与反馈机制等观点，并围绕沱江流域水污染协同治理制度化安排，针对地方政府、企业和公众提出了相应的对策建议。

## 一、研究结论

### （一）厘清了水污染治理中的利益主体关系格局

本书通过对中央政府、流域各地方政府、流域排污企业、流域居民和非政府环保组织与学术机构等利益相关者的识别，明确沱江流域水污染治理的核心利益相关者为中央政府、流域各地方政府、排污企业和流域居民；非核心利益相关者为非政府环保组织和学术机构。

通过分析核心利益相关者的诉求我们可以发现利益偏好主要表现为：公共利益是中央政府的唯一利益诉求，地方政府管理者追求地方社会、经济和生态发展的总绩效（政绩），企业主要关注企业效益最大化，流域居民主要关注生态利益和经济利益。

本书同时分析出核心利益相关者之间的利益格局表现为中央政府与地方政府、地方政府与企业之间存在监督与被监督的关系，地方政府与居民之间存在代表与被代表的关系，排污企业与居民之间存在污染与被污染的关系。目前，各利益相关者的利益主要呈现出结构失衡、主体错位、冲突激化和补偿机制缺失的格局，同时表现出利益主体的协作与对立、利益目标的融合与分化、利益分配的垄断与竞争的发展趋势。

**（二）揭示了利益冲突对主体行为的作用机理和博弈行为**

本书深入探讨了中央政府、地方政府与企业之间，上游、中游与下游各地区之间，生产、生活与生态之间三方面的利益冲突；分析了利益冲突下各利益相关者的行为特征。其中，中央政府的行为特征主要表现为重视生态环境的改善，出台了多项水污染治理政策，但执行和监管需要和地方政府紧密配合；地方政府的行为特征主要表现在负责完成中央政府的指令，细化中央政府治理政策，因地制宜，对症下药；企业的行为特征主要表现为主动参与或被动强制参与水污染治理，在利益最大化的驱使下，最终从传统的高污染产业转向低耗能环保的新型产业；公众的行为特征主要表现为水污染的制造者和保护者双重身份，力量单薄，水污染治理途径单一，水污染治理效果一般，对于社会水污染治理观念的形成产生的影响较小。以上各利益相关者治理水污染的动因主要从各自利益出发，主动或被动参与其中。

本书结合沱江流域的实际情况，构建了地方政府与企业的行为、纳入上级环保考核约束的各利益相关者行为和地方政府、企业、公众参与水污染治理的策略的三种博弈模型，用稳定性分析法求解出博弈模型的均衡解，得出有关地方政府对企业水污染治理行为监管的环境收益、监管成本、企业进行水污染治理行为的环境收益、治理成本，以及地方政府对企业治理和不治理水污染行为的处罚与补偿措施等一系列参数对地方政府、企业关于水污染治理和监管策略演化方向影响的结论，解释了各利益主体在流域水污染治理以及监管策略演化的内在作用机制。

### （三）设计了水污染治理中的利益协调机制

本书重点选取了中央与地方政府间的纵向利益协调作用、流域各地方政府间的横向利益协调作用、行政区内部的多元利益协调作用三个方面进行剖析，提出在沱江流域水污染治理利益协调机制中，"利益分配＋激励机制"是基础，"利益协商＋补偿机制"是动力，"利益监督＋反馈机制"是目标和落脚点。该机制应从由政府主导转变为由多元利益主体共同参与，基于沱江流域水污染治理中各利益主体的利益诉求，关注各方权益，从利益协调角度建立"三位一体"的利益协调机制，促进沱江流域水污染治理在管理层面的制度化和规范化。

## 二、政策建议

沱江流域的水污染超过了环境自净能力，流域生态功能失调。物与物的关系背后，从来都是人与人的关系。其解决水污染问题的根本并不取决于就污染治理污染的末端治理技术，而在于加强制度变革，改变人们行为背后的激励制度，提高环境管理的可持续性。水污染引起的各级利益相关者之间的矛盾冲突，实际上是水污染规章制度失效的问题。本书对跨行政区越界水污染这一主题的考察从一个侧面反映了目前沱江流域管理的缺陷，其研究结论可以在政府、企业和公众层面做进一步的拓展。

### （一）在政府层面

在政府层面，政府需要提高对环境问题公共风险性质的认识，加大对水污染的规制力度。在统筹水资源社会、经济和环境生态管理的过程中，应提高环境保护部门的权威，各部门对水资源各种用途的管理应以环境战略规划为指导。落实科学发展观，改变地方政府的强经济增长偏好，调整政绩考核标准，增强环境保护意识，引导各地区的公共管理者承担规制责任。

1. 加强对沱江水污染治理和保护的监管

（1）改进以片面追求经济增长速度的政绩考核体系，明确地方政府的工作目标应以最大化社会福利为目标，不仅应包含经济发展，还应包括水污染治理等任务，并逐步提高地方政府对沱江流域水环境改善指标的考核比重。只有构建包含水环境改善的绿色政绩考核体系，将水资源利用、沱江水资源保护和水污染治理等指标纳入政绩考核框架中，从源头上树立水污染治理的绿色发展导向，才能有效地调控地方政府在经济发展与生态环境保护目标之间的偏好，提高流域各地方政府对沱江流域水污染治理和保护的积极性。

（2）增强水污染治理和监管部门的独立性。成立由四川省环境保护厅领导的沱江流域水环境治理指挥部，聘请高水平专家团队，统筹协调沱江水环境保护与污染治理的有关事项。全面落实河长制，统一制定全流域治理与水资源开发规划，加强流域上、中、下游的联动，打破属地管理，实现跨界环境执法。

（3）提高沱江流域各断面水质资料信息的灵敏性，严格监控污染物（TP和NH3－N等）的排放和浓度变化，防患于未然。

（4）加强对水污染源的监管，包括工业污水、农业、生活废水等常规污染源的排放与处理，同时还应加大对饮用水的监管力度等。对于工业污水，应加强对工业园区等工业集中地的环保监管，通过采用集中处理的方式治理工业废水，禁止工业污水直排，同时要进一步加强对园区污水集中处理设施的建设，制定废水排放标准、处理设施建设标准等工作，严格执行废水处理设施的选址标准，避免对居民的生产生活产生影响；严格流域内工业企业入园的环保准入条件，在沱江上、中游地区不再审批磷化工企业等重污染企业的建设项目。对于农业面源污染，建议加强对农药、化肥等农资的使用指导，避免过量使用，鼓励使用生态有机肥料，推广应用高效低毒低残留的农药或生物农药，建立农药废弃包装和废弃农膜等回收再利用机制。加强对饮用水源的生态环境保护，完善水源地保护监管体系。

**2. 注重流域各地方政府间的相互协调**

因行政管理体制的特点，流域内跨区域管理易被分割成分散的部门，从而产生跨区域的利益冲突，使得水污染问题协同治理无法顺利实施。所以，必须加强流域各地方政府之间的相互协调，通过完善协同治理的体制机制，破除属地治理的藩篱，将流域视为一个单独的治理整体，促使地方政府各级部门共同治理。

（1）完善沱江流域各地方政府环保联防联治机制，各地方政府应着眼流域治理的全局，应以利益协调为纽带，大力推行联防联治，切实增强彼此各部门间的合作，推行联合治理。

（2）面向流域制定分区治理规划。科学制定分区原则和边界，规划中应明确每一个区域所承担的责任和义务，区域内各职能部门应从整体利益出发，共同协商水污染问题的治理途径，营造良好的互动氛围。

（3）完善各区域部门联合执法机制。破除跨区域联合执法的体制机制障碍。对于出现的水污染问题，提倡多方参与的联合执法，从而避免地方保护，提升执法队伍执行力，增加企业违法成本，也利于准确查处水污染症结和源头，增加企业违法排污的压力。

3. 完善沱江流域水污染的利益补偿机制

建立沱江流域水资源生态价值的评估体系和机制，定期开展流域生态价值评估，为上、下游间的利益补偿机制奠定技术基础。鼓励地方政府出资建立流域内的环保基金，明确基金的筹集、支付及使用方式。调整流域产业布局和规划，对流域内发展绿色经济的企业给予基金支持，形成合力共同开发流域资源。

## （二）在企业层面

在企业层面，企业既是环境污染的重要来源，也是污染治理的重要利益相关者。对企业而言，在政府协调机制下，一方面，自觉开展转型升级工作，重视淘汰落后生产线，引进更为先进的生产加工技术，降低污染排放水平；另一方面，积极向政府提出申请，取得必要的技术改造资金支持，更快地实现节能减排目标，努力建立绿色、清洁的企业生产线，优化企业发展规划，提升企业效能。

## （三）在公众层面

在公众层面，公众是流域水污染治理的受益者，也是流域水污染治理的参与者。通过建立透明的监管体制，推动公众积极参与流域污染治理，监督企业及政府的污染治理行为，对流域水污染治理工作取得实效具有重要意义。

1. 引导公众积极参与水污染治理

观念变革是公众参与水污染治理的助推剂，我们要引导公众积极、主动参与水污染治理。政府需要改变现有管理理念，正确把握公共事务管理的本质特色，改变管理的方式方法，建立公开透明的监管机制，主动公开治理过程，向公众发布企业违法信息，推动公众顺利参与流域污染治理的监督。

2. 建立适宜的公众参与机制

公众参与不仅需要法律政策的指引，也需要适宜的参与机制。现阶段，沱江流域水环境治理法律法规正在不断完善，相应地赋予了公众参与水环境治理的权利。为进一步推动公众参与治理取得实效，还必须完善公众参与机制的设计。对公众参与的数量、形式和内容等进行具体化，并破除公众参与的体制机制障碍。

3. 强化公众的环保意识，营造生态优先的良好氛围

水环境治理成效事关公众的切身利益，强化公众的环保意识对推动公众参与水污染防治具有重要意义。对学生群体，应联合教育部门，结合不同教育阶段学生群体的教育程度，开展与之相适应的环保知识宣讲，从小到大，循序渐进，逐步推进。不断增强学生的环保意识；对党政人员、企事业单位的领导干部和员工，应以环保法规、政策等为重点，结合典型的个案开展宣传工作。在培育环保意识的同时，也应加大对新闻工作者采访报道权和人身财产权的法律保障力度。同时，媒体工作者也应注意报道方式和方法的不断更新，充分利用信息技术和融媒体技术，客观、公正地报道，赢得公众的认同，引起政府的重视。

# 下　篇

## 沱江流域
## 内江段水污染治理实证研究[①]

①　本部分研究成果系四川省社会科学重点研究基地——沱江流域水质量发展研究中心重大专项课题（项目编号：TYZX2020－2）"沱江流域水环境治理中的经验问题及对策研究"的阶段性成果、内江市发展和改革委员会智库课题"沱江流域内江段水污染治理研究"的最终成果。初稿执笔人：李益彬、唐洪松。

# 第一章  绪  论

## 一、研究背景

内江是沱江流域沿线城市中唯一依靠沱江作为城市饮用水水源的城市，沱江流域水质量安全关系到内江市全市人民群众的生命健康。近年来，城市的扩张和经济的快速发展给流域带来的生态环境问题引起了各级政府的高度重视。

2015年，为贯彻落实《国务院关于印发水污染防治行动计划的通知》精神，切实加大水污染防治力度，提高四川省水环境质量，促进经济社会可持续发展，四川省人民政府印发了《〈水污染防治行动计划〉四川省工作方案》。该方案提出，到2020年，沱江流域纳入国家考核的监测断面水质优良（达到或优于Ⅲ类）比例总体达到81.61％以上、沱江干流及其一级支流基本消除劣Ⅴ类水体；各市建成区黑臭水体均控制在10％以内、各市（州）城市集中式饮用水水源保护区水质优良比例高于97.6％的工作目标。2016年8月，中国共产党内江市第七次代表大会提出"推进绿色发展，根本之举在于保护沱江流域绿色生态系统"的工作思路。

2016年12月，中国共产党内江市第七届委员会第二次全体会议出台了《关于内江沱江流域综合治理和绿色生态系统建设与保护若干重大问题的决定》，并编制了《内江市沱江流域综合治理和绿色生态系统建设与保护规划纲要（2016—2020年）》。

2017 年 6 月，国家发展和改革委员会开展"流域水环境综合治理与可持续发展试点"工作，在全国选取 16 个典型流域单元试点。内江市抢抓机遇，全力以赴开展试点争取工作，精心编制《沱江流域（内江段）水环境综合治理与可持续发展试点方案》。2017 年 11 月，国家发展和改革委员会办公厅正式批复同意沱江流域（内江段）作为首批流域水环境综合治理与可持续发展试点流域，内江市也成为全国首批流域水环境综合治理与可持续发展试点城市。2018 年 9 月，成都、自贡、泸州、德阳、内江、眉山、资阳 7 个沱江流域市签署了《沱江流域横向生态保护补偿协议》，这些行动标志着内江市全面启动沱江流域（内江段）综合治理工作。

沱江流域内江段是连接上下游的枢纽，沱江流域内江段的水污染治理是沱江流域综合治理能否取得决定性胜利的关键。准确把握沱江流域内江段水污染现状；系统梳理已采取的治理措施；总结成功经验，分析存在的问题；提出进一步加强水污染治理的对策建议，为内江市、沱江流域沿岸各地方政府和四川省委省政府积极推动沱江流域综合治理提供决策依据，是本书研究的主要目标。

## 二、研究意义

### （一）学术价值

本书对补充和完善流域水环境污染治理的研究内容有重要学术价值。目前，对系统研究沱江流域水环境污染的文献极少。本书将采用宏观数据和微观数据相结合，采用统计年鉴数据和部门调查数据相结合的方式，系统梳理沱江流域（内江段）水污染治理的措施，总结成功的经验，分析存在的问题，提出进一步可持续治理的对策建议，从而进一步丰富流域水污染治理特别是小流域水污染治理的研究内容。

### （二）应用价值

本书可以为内江市委市政府、沱江流域沿岸城市政府乃至四川省委省政府在沱江流域水环境污染综合治理过程中提供决策参考。水环境污染综合治理问题是流域生态文明建设的核心，不管是从国家战略部署、四川省区域规划来看，还是从内江市社会经济发展需求方面来看，沱江流域内江段的水环境污染综合治理在全流域中都极为重要。摸清沱江流域内江段水污染的现状，梳理水污染治理中采取的有效措施，总结成功的经验、分析存在的问题、提出对策建议，从而为内江市及沱江流域沿岸城市政府乃至四川省委省政府推动沱江流域综合治理提供决策参考和依据。

## 三、研究方法

### （一）文献研究法

本书从文献数据库、学校图书馆等收集大量与水污染治理相关的文献资料，包括学术期刊、会议论文、硕博论文、专著等。归纳总结目前水污染治理研究的主流观点和主要研究内容，掌握国内外有关水污染治理的研究重点、难点以及研究中的不足。为本书研究内容的设定、研究方法的选取提供理论基础和方法支撑。

### （二）实地调研法

一是踏勘沱江流域内江段（沱江干流及其支流）水污染现状和问题，二是调研内江市各区（县、市）政府和相关部门对于沱江流域水环境治理的思路与想法。

## 四、研究的思路和目标

一是通过调研访谈系统梳理沱江流域内江段水污染治理的措施和存在的问题；二是系统分析总结沱江流域内江段水污染治理的成功经验和存在的不足；三是根据党和国家相关政策要求以及地方政府的主要关切，提出下一步持续治理切实可行的对策建议，为各地方政府相关决策提供依据和参考。

# 第二章　沱江流域内江段综合治理前的水环境状况

## 一、内江市地理概况

### （一）地理位置

内江市位于四川省东南部，沱江中下游，其地理坐标地跨北纬29°11′~30°2′、东经104°16′~105°26′；东邻重庆，南界泸州，西接自贡，西北连眉山市，北与资阳市相邻。内江地处成都、重庆两座特大城市中段，是东南至西南各省交通的重要交汇点，素有"川中枢纽"之称。东汉建县，曾称汉安、中江，距今已有2 000多年历史，1950年设内江专区，1985年改建省辖内江市，1998年经国务院批准，内江市行政区划再次调整，分为内江市、资阳地区。内江市现辖市中区、东兴区、隆昌市、资中县、威远县、内江经济技术开发区（以下简称"经开区"）、内江高新技术产业园区，4区、2县、1代管县级市，区域面积5 385.46平方千米，户籍人口425.96万人。内江因盛产甘蔗、蜜饯，鼎盛时期糖产量占到全川的68%、全国的26%，故有"甜城"美誉。

内江区位条件好，是成渝地区双城经济圈中部重要节点城市，地处云贵—陕甘南北大通道发展轴、川南经济区"一带一轴一区"重要交汇点和胡焕庸线、318国道两条经济线重要交汇点，连接成都、重庆两个特大城市，素有"川南咽喉""巴蜀要塞"之称。

内江交通便利，是交通运输部规划的国家公路运输主枢纽之一、四川省第二大交通枢纽和西南陆路交通的重要交汇点，境内有银昆、厦蓉、蓉遵、内遂、内威荣和乐自6条建成的高速公路，有城市过境高速、成都经威远至宜宾2条高速公路，有南溪至内江及延长线，内江至大足、井研至资中和乐至2条高速公路；有成渝、内昆、隆黄、资威、归连、成渝客专6条建成的铁路，有川南城际铁路、连乐铁路2条即将开通的铁路，有成都经天府新机场至自贡、绵遂内2条正在修建的铁路，全市县（市、区）全部实现通高铁。内江的优越交通枢纽地位是其区别于四川省其他地级城市的重要特征。

### （二）地形地貌

内江西靠龙泉山脉，东靠华蓥山脉，地势平缓，浅丘平坝相间，与南充、德阳、自贡的丘陵区构成川中丘陵。内江东西最大跨度121.5千米，南北最大跨度94.7千米，是典型的川中丘陵地貌，由侏罗系、白恶系红色地层演变而成的浅丘地形占区域面积的88.8%，其余为低山地形。地势西北高、东南低，平均海拔为300~500米，河网发育差，土壤展现不足。威远县境内俩母山海拔为834米，是内江海拔最高点，也是流向沱江水系的清溪河和流向岷江水系的越溪河的分水岭。资中县境内白云山有"川中小青城"之称，有108个山头，峰峦叠翠，连绵起伏，上下森林密布，林海茫茫，幽谷深壑纵横交错，悬崖绝壁随处可见。最高峰海拔为733米，山峰相对高差达430米。

### 二、内江段水系概况

内江市位于沱江中下游，沱江是内江市内水路运输要道，自古有"万斛之舟行若风"的繁忙景象描写。沱江干流内江段上自资中球溪河入沱江河口起，下至内江市市中区龙门镇龚家渡出境入富顺县，全长154.5千米（球溪河汇口至龚家渡），河道平均比降0.45‰，两岸地貌以浅丘为主，峡谷河段次之，自上而下流经资中县、市中区、东兴区。该河段沿途分布有顺河镇、归德镇、资中县城、苏家湾镇、银山镇、富溪乡、史家镇、内江城区、稗木镇、白马镇、沱江乡。沱江在资中城区以上控制集水面积15 000平方千米，约占沱江流域面积的53.8%，内江城区以上控制集水面积17 048平方千米，约占沱江流域面积的 61%。内江境内有包括沱江在内的近 100 条河流,有大、中、小型水库 38 处,主要河流有沱江、球溪河、蒙溪河、麻柳河、大清流河、小青龙河等。

球溪河是沱江右岸一级支流,发源于井研县周坡乡周家坡,东流至仁寿县石桥乡,纳龙溪河、清水河后称球溪河,再经仁寿县北斗和资中发轮、球溪,在资中县顺河场大河口汇入沱江,干流河长 132.3 千米,流域面积 2 422 平方千米。

濛溪河为沱江左岸一级支流,发源于乐至县孔雀乡高龙庙,流经乐至、安岳、资阳和资中 4 县市,于资中县苏溪乡濛溪口注入沱江。干流河长 115.3 千米,流域面积 1 473 平方千米。

麻柳河发源于威远县连界场,在铁佛镇进入资中境内,流经走马、铁佛、高楼、金李井和渔溪 5 个乡镇,在归德镇注入沱江。干流长 26 千米,落差 27.5 米,河床宽 10~20 米,流域面积 213.55 平方千米,区域面积 242.53 平方千米。最大洪峰流量为 1 292.7 立方米/秒。

大清流河是沱江左岸一级支流,流经安岳县清流场,故名。该河发源于安岳县新民乡廖家石坝,北向南流,经清流、天宝,进入东兴区,经永福、扬家、苏家、石子,入重庆荣昌区,至吴家镇折向西南,复入东兴区,后经平坦、顺河镇、郭北镇等乡镇,于东兴区国光乡大河口汇入沱江。河流长 122 千米,河源高程 417 米,河口高程 288 米,天然落差 129 米,平均比降 1.06‰,弯曲系数为 2.25。流域面积 1 539 平方千米,其中,安岳县 618.6 平方千米、东兴区 524.4 平方千米、荣昌区 348.8 平方千米、隆昌市 45.3 平方千米、内江市 1.9 平方千米。大清流河河系发达,支流密布。主要支流为小清流河,源于重庆市大足区中敖镇陈家寨,东向西流至踏水、折向西南流,过资阳市安岳县李家、元坝等乡镇入内江市东兴区,经互助乡、于石子乡松林坝汇入大清流河。其他较大的支流还有三拱桥沟和马鞍河。

小青龙河为沱江左岸一级支流,古称高桥溪,又称青龙河,发源于安岳县南熏乡文峰寺。南流过金子桥、李家桥,于双河口右纳双河场河;过新店,左纳凤天河。曲折南行过雷家庙、萧家湾,于秦家坝左纳古清河;转南过五元桥,右纳火花溪;左纳斑竹溪;曲折向西南过田家镇,有田家水文站,过站右纳三溪场沟;曲折南过高桥镇、来宝桥,于小河口汇入沱江。小青龙河全长

58 千米，河宽上段为 5~20 米、下段为 20~40 米；流域面积 532 平方千米。

内江城区范围内（含市中区和东兴区），主要河湖水系除沱江、大清流河、小青龙河外，还有谢家河、桂溪河、吴家溪、乌龙河、水口寺河、寿溪河、太子湖、益民溪、跃进水库、包谷湾水库等。

谢家河起于内江市城区以北岩洞子，流经廖家老院子、五星水库，止于城区西侧沱江左岸入口，全长 5.2 千米，流域面积 6.2 平方千米。谢家河为沱江小支流，河宽 5~20 米，河床宽 30~65 米，河岸为天然岩土层、建渣土、植被较少，未建河堤。谢家河沿河两岸 50 米范围内未建道路，有大千路、汉安大道、玉屏街、北环路和汉安大道横跨谢家河。

桂溪河位于内江市市中区境内，河长 37 千米，流域面积 129 平方千米。河口流量 1.43 立方米/秒，总落差 76 米。五凤溪为桂溪河支流，沱江二级支流。五凤溪全长共计 15.7 千米左右，河床宽 6~32 米，流域面积 48.5 平方千米，年径流总量 3 450 万立方米，市中区段流经全安镇、朝阳镇、永安镇。朝阳镇处在市中区西南部，由于朝阳山在此得名。朝阳镇区域面积 40.03 平方千米，东与凤鸣镇（市中区）相连，西与东联镇（威远县）临界，南与永安镇（市中区）相邻，北与全安镇（市中区）、陈家镇（资中县）接壤。

吴家溪是沱江的二级支流。吴家溪全长共计 14.5 千米左右，河床宽 7~29 米，流域面积 20.5 平方千米，年径流总量 615 万立方米，治理前水质为 V 类。河流起源于内江市市中区永安镇枷担湾村，流经永安镇漏棚湾、永福、元元坡、高峰、瓦堆湾和白马镇柏树村 2 社（吴家桥段）、1 社、11 社，联四村 8 社、7 社，新联村 4 社、5 社、1 社等 9 个村，最终汇入沱江河，吴家溪在永安镇境内（枷担湾村、漏棚湾村、永福村、元元坡村、高峰村、瓦堆湾村）有居民 511 户、1 803 人，白马镇境内有居民 1 400 户、约 5 000 人。治理前吴家溪周边无完善的市政管网及垃圾收集转运系统，并存在养殖场和吴家溪沿岸老百姓生活污水等重大污染源，污水经地表径流进入吴家溪。由于吴家溪的天然补给水源主要来自河岸周边雨水汇集，其集雨面积小，汇水量小，交换水量少，补水周期较长，环境容量小，抗污染能力较低，容易发生富营养化和水质恶化现象。

乌龙河发源于内江市资中县兴隆街镇骑龙屋基，向南流经双河场、陈家镇，沿途纳入茶叶沟、白河堰等支流，在朝阳镇汪洋村进入内江市市中区，流经市中区朝阳镇、凌家镇、伏龙镇,于凌家镇新祠堂蓝家湾左纳桂溪河,在伏龙镇新祠堂村流出内江市市中区,进入自贡市,于自贡市沿滩区仙市镇两河口汇入釜溪河。河流全长 86 千米,内江市市中区段长 30.5 千米,境内流域面积 183 平方千米,多年平均流量为 5.79 立方米/秒,途径区内 20 个行政村,涉及沿河居民 1 138 户、4 332 人。

水口寺河系乌龙河左岸支流,釜溪河二级支流,沱江三级支流。其所辖河段均在内江市市中区永安镇境内,起点为连部湾村和平水库,流经石板村,在三应寺村与桂溪河交汇,河长约 5.2 千米(上游河段为现代农业砖砌渠道、约 2.3 千米,下游河段为自然河段、约 2.9 千米)。涉及永安镇连部湾村 2 社、1 社,石板村 3 社、7 社,三应寺村 7 社、5 社、3 社、6 社和万家场镇。流域常住人口有 259 户、1 545 人,沿途灌溉面积 1 200 余亩(1 亩≈666.7 平方米)。河段最宽处 10 米、最窄处 2 米,水深 1~3 米,途中有公路桥 3 座、石河堰 3 座。治理前水质为劣 V 类。

益民溪位于跃进水库与沱江口之间,河段长 10.235 千米。益民溪流域范围处于内江市市中区白马片区范围内,位于市中区西南侧,沱江下游区段,和内江主城中心区的直线距离约为 5 千米,西与永安镇相邻,北同凤鸣乡接壤,东至双河村,南与水晶乡隔江相望。

### 三、内江段水资源利用概况

#### (一) 地表水资源总量

2017 年水环境综合治理伊始之时,内江市全市地表水资源量为 7.67 亿立方米,折合径流深 142.4 毫米。地表水资源量比 2016 年减少 49.7%,比常年减少 44.1%。从各个行政区来看,沱江控制单元所在的市中区(含经开区)、威远县年径流量最大,资中县年径流量最小。2017 年内江市分行政区径流量与 2016 年、常年比较见表 2 - 1。

表 2-1　2017 年内江市分行政区径流量与 2016 年、常年比较

| 行政区 | 年径流量/万立方米 | 与 2016 年比较/% | 与多年平均比较/% |
|---|---|---|---|
| 全市 | 142.4 | -44.1 | -49.7 |
| 市中区 | 134.0 | -43.2 | -52.9 |
| 经开区 | 135.0 | -42.6 | -53.9 |
| 东兴区 | 130.0 | -44.2 | -48.1 |
| 资中县 | 126.0 | -45.4 | -54.1 |
| 隆昌市 | 148.0 | -52.2 | -46.2 |
| 威远县 | 175.0 | -43.2 | -52.9 |

数据来源：《2017 年内江市水资源公报》。

在流域分布上，越溪河①径流量最大，其次是威远河②、隆昌河③，径流量最小的是蒙溪河，与 2016 年相比，年径流量全部减少，减小幅度为 22.4% ~ 59.6；与多年平均相比较，年径流量全部减少，减少幅度为 36.5% ~ 65.1。2017 年内江市各流域分区径流量与 2016 年、常年比较情况见表 2-2。

---

① 越溪河，岷江支流，发源于内江市威远县越溪镇的青风寨，流经威远、仁寿、荣县（有一段为键为界河），在宜宾市叙州区汇入岷江。

② 威远河，原名清溪河，沱江支流釜溪河的上游干流。源于内江市威远县越溪镇俩母山，曲折东南流经威远县、自贡市大安区，在自贡市大安区凤凰乡双河口，与旭水河交汇后，始为釜溪河，长 131 千米，流域面积 956 平方千米。主要支流有新场河、龙会河、达木河等。

③ 隆昌河，在明代前无正式河名。至清同治十三年（1874）《隆昌县志·卷八·水利门》中称之为"隆邑小溪"；历代又有"石溪""零泉"之称。民国二十五年（1936）《隆昌县志·稿本·方域篇》称之为"隆桥河""金鹅溪""九曲溪"。本县（今县级市）文人墨客美其名称为"金鹅江"。隆邑小溪因流经隆昌县城得名隆昌河。1981 年，隆昌县地名领导小组将其正式命名为"隆昌河"。隆昌河流域面积 174 平方千米，干流总长 44.2 千米，全部在隆昌市境内，为龙市河第一支流。隆昌河发源于界市镇五里村，于胡家镇双龙村金瓶锁口处汇入龙市河。隆昌河有邬家河、罗星坝河、普润河、石碾河、古宇庙河以及两道桥河等 6 条支流，支流总长度 43.58 千米。[龙市河：发源于龙市镇新庙村，全长 105 千米，集雨流域面积 517 平方千米，多年平均径流量为 1.98 立方米/秒，隆昌市境内有隆昌河、渔箭河等主要支流，于隆昌市云顶镇亲睦村流入泸州市泸县。汇水范围包括龙市镇、界市镇、普润镇、古湖街道、金鹅街道等 11 个镇（街道）。]

表 2 - 2　2017 年内江市各流域分区径流量与 2016 年、常年比较

| 流域分区 | 径流深/立方米 | 与 2016 年比较增减/% | 与多年平均比较增减/% | 流域分区 | 径流深/立方米 | 与 2016 年比较增减/% | 与多年平均比较增减/% |
|---|---|---|---|---|---|---|---|
| 全市 | 142.4 | -44.1 | -49.7 | 威远河 | 168.0 | -39.8 | -45.8 |
| 球溪河 | 143.5 | -34.0 | -45.1 | 隆昌河 | 150.0 | -49.5 | -47.0 |
| 濛溪河 | 98.4 | -55.9 | -61.3 | 乌龙河 | 99.8 | -59.6 | -65.1 |
| 小青龙河 | 142.0 | -38.9 | -44.2 | 沱江干流 | 148.0 | -43.0 | -48.7 |
| 大清流河 | 118.0 | -49.2 | -57.1 | 越溪河 | 186.3 | -22.4 | -36.5 |

数据来源:《2017 年内江市水资源公报》。

## (二) 水资源使用量

根据《2017 年内江市水资源公报》, 2017 年内江市全市总用水量为 85 481.62 万立方米, 其中, 农业用水量为 45 057.59 万立方米, 占总用水量的 52.7%; 工业用水量为 23 000.51 万立方米, 占总用水量的 26.9%; 生活用水量为 17 035.5 万立方米, 占总用水量的 19.9%; 生态环境用水量为 400.00 万立方米, 占总用水量的 0.5%。2017 年内江市行政分区用水量见表 2 - 3。我们从表 2 - 3 可以看出, 资中县用水总量最大, 其次是威远县、隆昌市, 用水总量最小的是经开区。

表 2 - 3　2017 年内江市行政分区用水量

| 行政分区 | 农业/万立方米 | 工业/万立方米 | 生活/万立方米 | 生态/万立方米 | 总用水量/万立方米 | 占总用水量的百分比/% | | | |
|---|---|---|---|---|---|---|---|---|---|
| | | | | | | 农业 | 工业 | 生活 | 生态 |
| 全市 | 45 057.59 | 23 000.51 | 17 035.5 | 400.00 | 85 481.62 | 52.7 | 26.9 | 19.9 | 0.5 |
| 市中区 | 3 301.59 | 4 636.99 | 2 501.13 | 60.00 | 10 499.71 | 31.4 | 44.2 | 23.8 | 0.6 |
| 经开区 | 255.55 | 1 337.65 | 517.205 | 20.00 | 2 130.40 | 12.0 | 62.8 | 24.3 | 0.9 |
| 东兴区 | 6 982.00 | 3 900.00 | 3 597.41 | 60.00 | 14 539.41 | 48.0 | 26.7 | 24.7 | 0.4 |
| 资中县 | 14 509.45 | 2 665.87 | 4 533.78 | 80.00 | 21 789.10 | 66.5 | 12.3 | 20.8 | 0.4 |
| 隆昌市 | 9 508.00 | 4 960.00 | 3 295.46 | 80.00 | 17 843.46 | 53.3 | 27.8 | 18.5 | 0.4 |
| 威远县 | 10 489.00 | 5 500.00 | 2 590.55 | 100.00 | 18 679.55 | 56.2 | 29.4 | 13.9 | 0.59 |

数据来源:《2017 年内江市水资源公报》。

### （三）工农业及生活废污水排放情况

#### 1. 工业废水排放量高

2016 年，内江市工业废水排放量为 2 821 万吨，化学需氧量排放量为 4 177吨，工业氨氮排放量为 293 吨。其中，资中县的工业废水排放量、化学需氧量排放量、工业氨氮排放量分别为 1 443 万吨、1 562 吨、79 吨。2016 年内江市工业废水、化学需氧及工业氨氮的排放量见表 2 - 4。

表 2 - 4　2016 年内江市工业废水、化学需氧及工业氨氮的排放量

单位：吨

| 行政区 | 工业废水排放量 | 化学需氧量排放量 | 工业氨氮排放量 |
|--------|---------------|-----------------|---------------|
| 市中区 | 422 | 780 | 55 |
| 东兴区 | 213 | 501 | 76 |
| 资中县 | 1 443 | 1 562 | 79 |
| 威远县 | 541 | 465 | 44 |
| 隆昌县 | 201 | 864 | 38 |
| 全市 | 2 821 | 4 177 | 293 |

数据来源：内江市统计年鉴。

2016 年，内江市全市工业用水总量占比达 36.4%，仅次于农业。工业用水重复利用率低于全国和全省平均水平。电力能源和食品饮料等行业耗水量占比分别为23.4% 和66.21%，为工业内部耗水大户，单位经济产出用水量远高于其他主导行业。食品饮料、电力及纺织等行业排污强度大。在化学需氧量排放量中，酒精制造行业贡献了48%，火电行业贡献了16%，农副食品加工业、造纸和纸制品业、煤炭开采和洗选业分别贡献了11%、8% 和8%，化学需氧量排放量前 5 类行业贡献了91.34%；在工业氨氮排放量中，酒精制造行业贡献了32%，纺织业贡献了25%，农副食品加工业和火电行业分别贡献了13% 和12%，化学需氧量排放量前 4 类行业贡献了82%。2016 年内江市主导行业用水、排水及重复利用情况见表 2 -5。

表 2－5　2016 年内江市主导行业用水、排水及重复利用情况

| 行业名称 | 用水量占比/% | 废水排放量占比/% | 单位工业总产值用水量/吨·万元 | 单位工业总产值废水排放量/吨·万元 | 工业用水重复利用率/% |
|---|---|---|---|---|---|
| 冶金建材 | 0.81 | 1.20 | 2.12 | 1.44 | 62.16 |
| 食品饮料 | 23.35 | 50.16 | 54.58 | 50.68 | 26.04 |
| 机械制造 | 0.31 | 0.69 | 11.22 | 9.04 | 8.51 |
| 医药化工 | 0.40 | 0.99 | 7.79 | 8.86 | 23.27 |
| 电力能源 | 65.23 | 28.47 | 151.38 | 28.14 | 45.35 |
| 其他 | 8.23 | 18.49 | 35.06 | 30.02 | 29.93 |

数据来源：根据内江市统计年鉴整理计算而得。

## 2．农业污染排放量大

种植业生产资料的使用和养殖业粪尿的排放是农业的主要污染来源。2016 年内江市化肥施用量为 128 824 吨。根据化肥流失系数（见表 2－6）可以估算出总氮、总磷、硝氮、氨氮流失量分别为 601.61 吨、829.63 吨、24.48 吨、41.22 吨，见表 2－7。

表 2－6　南方山地丘陵区化肥污染物流失系数

| 污染物 | 总氮 | 总磷 | 硝氮 | 铵氮 |
|---|---|---|---|---|
| 流失系数 | 0.467 | 0.644 | 0.019 | 0.032 |

数据来源：第一次全国污染普查化肥流失手册。

表 2－7　2016 年内江市化肥使用量及污染物流失量

单位：吨

| 行政区 | 化肥 | 总氮流失 | 总磷流失 | 硝氮流失 | 铵氮流失 |
|---|---|---|---|---|---|
| 市中区 | 8 990 | 41.98 | 57.90 | 1.71 | 2.88 |
| 东兴区 | 40 515 | 189.21 | 260.92 | 7.70 | 12.96 |
| 资中县 | 46 322 | 216.32 | 298.31 | 8.80 | 14.82 |
| 威远县 | 20 844 | 97.34 | 134.24 | 3.96 | 6.67 |
| 隆昌县 | 12 153 | 56.75 | 78.27 | 2.31 | 3.89 |
| 全市 | 128 824 | 601.61 | 829.63 | 24.48 | 41.22 |

数据来源：根据内江市统计年鉴数据整理计算而得。

内江市牲畜养殖以猪、羊和家禽为主。根据污染排放系数可以估算得出2016 年内江市粪便排放量为 444.78 万吨、尿液排放量为 312.06 万吨，粪尿中污染物化学需氧量、氨氮、总氮、总磷的排放量分别为 19.51 万吨、17.91万吨、4.36 万吨、1.73 万吨。内江市各县（市、区）的具体情况见表 2 - 8至表 2 - 11。

**表 2 - 8　2016 年内江市畜禽养殖量**

| 行政区 | 猪/头 | 牛/头 | 羊/头 | 家禽/只 | 其他大牲畜/头 |
|---|---|---|---|---|---|
| 市中区 | 228 028 | 4 412 | 14 607 | 564 071 | 20 |
| 东兴区 | 551 921 | 31 101 | 114 019 | 4 574 510 | 1396 |
| 资中县 | 764 467 | 16 563 | 195 517 | 4 713 687 | 128 |
| 威远县 | 339 458 | 15 171 | 161 001 | 3 691 051 | 433 |
| 隆昌县 | 318 058 | 10 837 | 35 852 | 3 180 912 | 302 |
| 全市 | 2 201 929 | 78 120 | 520 996 | 17 724 301 | 2 279 |

数据来源：内江市统计年鉴。

**表 2 - 9　不同畜禽粪尿排泄系数**　　　　　　单位：千克/天

| 排泄物 | 牛粪 | 牛尿 | 猪粪 | 猪尿 | 羊粪 | 羊尿 | 家禽粪 |
|---|---|---|---|---|---|---|---|
| 排泄系 | 20.00 | 10.00 | 2.00 | 3.30 | 2.60 | 0.2 | 0.13 |

数据来源：中华人民共和国生态环境部。

**表 2 - 10　不同畜禽粪尿污染物含量**　　　　　　单位：千克/吨

| 污染物 | 化学需氧量 | 氨氮 | 总氮 | 总磷 |
|---|---|---|---|---|
| 牛粪 | 31 | 1.17 | 4.37 | 1.18 |
| 牛尿 | 6 | 3.47 | 8.00 | 0.40 |
| 猪粪 | 52 | 3.08 | 5.88 | 3.41 |
| 猪尿 | 9 | 1.43 | 3.30 | 0.52 |
| 羊粪 | 4.63 | 0.80 | 7.50 | 2.60 |
| 家禽粪 | 45.65 | 2.79 | 10.42 | 5.79 |

数据来源：中华人民共和国生态环境部。

表 2-11　2016 年内江市畜禽污染物排放量　　　单位：万吨

| 地区 | 粪便 | 尿液 | 化学需氧量 | 氨氮 | 总氮 | 总磷 |
|---|---|---|---|---|---|---|
| 资中县 | 142.19 | 98.89 | 5.74 | 5.33 | 1.36 | 0.53 |
| 威远县 | 88.710 | 55.90 | 3.55 | 3.24 | 0.85 | 0.33 |
| 市中区 | 36.60 | 34.78 | 1.94 | 1.81 | 0.38 | 0.15 |
| 东兴区 | 103.79 | 75.74 | 4.78 | 4.36 | 1.03 | 0.40 |
| 隆昌市 | 73.49 | 46.75 | 3.50 | 3.17 | 0.74 | 0.32 |
| 全市 | 444.78 | 312.06 | 19.51 | 17.91 | 4.36 | 1.73 |

资料来源：内江市统计年鉴。

### 3. 生活污水排放量大

2016 年，内江市生活废水、化学需氧量、氨氮的排放量分别达到 10 444 万吨、29 328 吨、3 617 吨（见表 2-12），成为沱江流域的主要污染来源之一。

表 2-12　2016 年内江市生活废水、化学需氧、氨氮的排放量

| 行政区 | 生活废水排放量/万吨 | 生活需氧量排放量/吨 | 生活氨氮排放量/吨 |
|---|---|---|---|
| 市中区 | 1 815 | 2 936 | 378 |
| 东兴区 | 2 307 | 5 374 | 678 |
| 资中县 | 2 707 | 9 459 | 1 220 |
| 威远县 | 1 697 | 5 344 | 633 |
| 隆昌县 | 1 908 | 6 125 | 708 |
| 全市 | 10 444 | 29 328 | 3 617 |

数据来源：内江市统计年鉴。

## 四、典型水体水环境污染调查

### （一）城区黑臭水体污染情况

2017 年，内江市住建局、环保局、水务局、农业局及规划局等部门，对内江市中心城区建成区黑臭水体联合排查出 11 处黑臭水体、重度黑臭 4 处、

轻度黑臭 7 处。其中，河流型黑臭水体 9 条，长 47.7 千米；湖库型黑臭水体 2 处，面积 0.113 平方千米。根据调查，9 条河流型黑臭水体最终都汇入了沱江，2 处湖库型黑臭水体也都位于沱江支流的上游，对沱江水质的影响较大。

1. 玉带溪黑臭水体

玉带溪位于内江市市中区，发源地位于经开区，流经苏家桥后，由于城市建设采用暗涵形式沿玉溪路布置，经人民公园，最后于大洲广场附近汇入沱江。其黑臭水体范围位于苏家桥上游段，总长度约为 2.1 千米，上游集雨面积约为 4.7 平方千米。

（1）点源污染状况：主要可以划分为污水排放类、垃圾倾倒类、畜禽养殖类和企业生产类的污染。生活污水排放类主要为生活污水、洗车废水集中排放，来源包括黄家湾社区生活污水、高速立交棚户区生活污水、高速立交附近住宅污水、收费站附近洗车场等。垃圾倾倒类主要来自高速立交桥下垃圾堆放及沿线居民丢弃等。畜禽养殖类点源污染主要为高速立交附近一处养猪场所排放污水，养殖规模为 10～20 头/年。企业生产类主要为兽药生产废水、集中洗车废水和职工生活污水，包括四川恒通动物制药有限公司及仓库、万千饲料、合众 4S 店、华风车业等汽车维修中心、汽车综合性能检测站、内江喷泉设计中心等所排污水和废水。

（2）面源污染状况：主要包括畜禽养殖类污染、沿线农业面源污染、自然降雨路面径流污染等的污染。畜禽养殖类污染主要来自高速立交下养鸡场，生产规模超过 1 000 只。降雨时将会冲刷地面残留鸡粪至水系，造成较大污染。沿线农业面源污染情况：玉带溪南侧沿河两岸共有居住组团共有 7 个（每处20～55 户，共计 250 户），养鱼塘 15 处，农田若干。

根据玉带溪污染源调查情况以及相关环境条件分析，其水体黑臭主要成因如下：一是黄家湾社区部分生活污水未接入市政管道，通过明渠直接汇入玉带溪；二是沿线企业生产废水和生活污水直接排入玉带溪；三是区域为城郊棚户区，存在养殖情况（养鸡和养猪），污水直接排放水体；四是面源污染不可忽视，区域上游有鱼塘养殖、农业耕作、高速立交交汇、上游来水污染等；五是水体内垃圾及底泥污染物沉积较多，污染物易于拦截在该段，从而发黑发臭。

2. 寿溪河黑臭水体

寿溪河地处内江市市中区，为沱江右岸一级支流，入河段位于汉安大道西段南侧，上游集雨面积包括四合镇、龚家镇等部分区域，总集雨面积约为40平方千米，流量季节性变化较大，旱季水量较少。

（1）点源污染状况：主要包括污水排放类和畜禽养殖类的污染。污水排放类主要为四合镇、幸福村和下游居民生活污水。畜禽养殖类为上游梨树湾附近奶牛养殖污水，养殖规模约为20头/年、变电站附近养猪场1处，养殖规模为10~20头/年。

（2）面源污染状况：主要包括沿线农业污染、降雨路面径流污染。沿线农业面源污染主要有上游24处居住组团（每处10~60户，共计640户）生活污水，20处鱼塘及部分农田渗透污水。降雨路面径流污染下游城市建成区道路雨季冲刷时带入的污染物，包括汉安大道西段、甜城大道、高速立交桥区域等。

（3）内源污染状况：主要包括沿岸植被的污染。寿溪河上游植被茂盛，两岸分布有多处树林、竹林等乔木类植物，季节性落叶进入水体后，长时间浸泡腐烂，导致水体受到污染。

根据寿溪河污染源调查情况以及相关环境条件分析，其水体黑臭主要成因如下：一是沿线污水管网建设滞后，生产废水和生活污水直接排入水体，特别是随着邓家坝片区的开发以及上游安置房的建设，污染物排放量将进一步增加；二是上游存在养殖点，如奶牛养殖、生猪养殖等，养殖粪便和废水直接排入水体；三是流域内面源污染较重，包括农田污染、路面径流污染，特别是高速立交以及城区道路；四是河流沿线植被季节性落叶特别是竹叶类落叶，直接飘入水面，腐烂过程加重水体黑臭。

3. 太子湖黑臭水体

太子湖位于内江市市中区交通镇前进村1社，为玉带溪源头之一。太子湖水体岸线长度约为1 635米，水面面积约为0.051平方千米，整个集雨区面积约为0.658平方千米。

（1）点源污染状况：主要包括污水排放类、垃圾倾倒类、畜禽养殖类和企业生产类的污染。污水排放类主要为生活污水集中排放，主要来源为省道206沿线居民生活污水以及农家乐生活污水（味艺农庄和农家乐），通过加气站南侧排污口汇入农田，最后流入太子湖；垃圾倾倒类包括太子湖西侧一处垃圾站，靠近水体。畜禽养殖类主要为东北角有一处面积约为 10 050 平方米的养鱼塘。企业生产类主要为汽修和加气站产生的含油废水，包括公交车加气站、别通汽修、东风汽修大修厂等。

（2）面源污染状况：包括沿线农业面源污染和降雨路面径流污染。沿线农业面源污染太子湖 6 个居住组团（每个居住组团 12～60 户，共计 168 户）居民产生的生活污水，以及沿线 5 个养鱼塘及部分农田渗透污水。降雨路面径流污染为省道 206 及湖周围小路的道路冲刷带入水体的污染物，径流污染物较少。

根据太子湖污染源调查情况以及相关环境条件分析，其水体黑臭的主要成因如下：一是省道 206 沿线居民生活污水和生产废水通过道路边沟直接排入农田，最后汇入湖体；二是太子湖早期存在肥水养鱼，库内底泥存在富营养化；三是太子湖集雨面积较小，水体自然净化和更新能力较弱；四是沿线树枝残落浸入水体，腐烂过程会加速水体黑臭。

4. 包谷湾水库黑臭水体

包谷湾水库地处内江市经开区西侧，水库总集雨面积约为 3.7 平方千米，水面总面积约为 0.06 平方千米，平均深度数米。由于集雨面积较小，水体流动性较弱，水量更替周期较长。

点源污染状况：主要包括污水排放类和垃圾堆放类的污染。污水排放类主要为水库西侧靠近新建收费站的居民聚集点、柏林小学、四川路桥项目部以及沿公路两侧居民生活污水。垃圾堆放类是内资公路沿线柏林小学附近的垃圾站、道路北侧焦渣堆等污染物。此外，公路南侧居民点内还有一处大型垃圾废品回收企业，回收过程中大量清洗液进入包谷湾水库。

根据包谷湾水库污染源调查情况以及相关环境条件分析，其水体黑臭的主要成因如下：一是水库上游及西侧存在大量居民建设，特别是安置房、学校、高速施工板房等，生活污水直接流入水体；二是水库上游公路北侧有一焦渣废弃堆放点，长期自然裸露，经降雨便渗水至水体内；三是包谷湾集雨范围存在鱼塘养殖、农田等面源污染；四是包谷湾早期存在肥水养鱼，库内底泥相对较多，同时由于集雨面积有限，水量更新较少，自净能力较弱。

### 5. 蟠龙冲黑臭水体

蟠龙冲流域位于东兴区蟠龙冲，发源于321国道北侧附近，由北向南沿蟠龙路汇流，经教师新村进入汉安大道已建涵洞，最后汇入沱江。总长度约为2.7千米，集雨面积约为12.4平方千米。

根据蟠龙冲污染源调查情况以及相关环境条件分析，其水体黑臭的主要成因如下：一是蟠龙冲流经区域为城郊接合部，区内建设稠密，生产单元众多，人口数量大，污水收集及垃圾收运系统建设长期滞后；二是由于污水管网未建设，沿线小型生产企业和作坊的生产废水和居民生活污水均直接排入水体；三是所处城市发展边沿，沿线生活垃圾、生产废物均随意丢弃至水体；四是蟠龙路作为北向出城交通要道，道路径流污染严重；五是由于长期无治理，河道内固废垃圾以及底泥污染严重，同时伴有水生植物生长，致使水体持续发黑发臭。

### 6. 谢家河黑臭水体

谢家河流域地处内江市东兴区，整个流域集雨面积约为16平方千米，上游有胜利水库，流经321国道后进入五星水库，后进入内江新城范围，穿汉安大道后汇入谢家河湿地，最后经过溢流坝进入沱江。

根据谢家河污染源调查情况以及相关环境条件分析，其水体黑臭的主要成因如下：一是环五星水库区域存在养猪企业，污染物直接排放至水体；二是早期水库存在肥水养鱼，致使水库底泥污染，自然更新难度大、时间长；三是水库内大量水生植物生长，部分区域严重覆盖水体，植物周期性死亡严重降低水体氧含量，加速水体黑臭；四是谢家河汉安大道以北区域截污干管尚未启动建设，地块建设陆续使用，污水排放加速；五是谢家河湿地公园两侧仍有众多排放口，上游存在雨污混接或沿街餐饮存在生活废水排入；六是321国道上游段鱼塘养殖、农田存在面源污染，由于水量有限，加速下游五星水库的富营养化。

### 7. 麻柳河—益民溪黑臭水体

麻柳河—益民溪地处市中区，发源于光荣水库上游，沿线有包谷湾水库和跃进水库汇入，经内宜高速公路白马收费站附近流入白马组团内，最后再从白马电厂南侧流入沱江。其黑臭水体范围为跃进水库出水口至沱江入口范围，总长度约为10.23千米，集雨面积约为50平方千米。

根据麻柳河—益民溪污染源调查情况以及相关环境条件分析，其水体黑臭的主要成因如下：一是上游企业存在生产废水排放，相对浓度较高，持续影响较大；二是下游段农家乐、居民组团以及省道206沿线建设较多，生活污水直接排入水体；三是益民溪两侧植被相对茂密，季节性落叶易于浸泡腐烂；四是由于灌溉需求，益民溪上建有众多橡胶坝，坝后水体长期静止，加速水体黑臭。

8. 黑沱河黑臭水体

黑沱河地处内江市东兴区南部椑木镇，其黑臭水体总长5.7千米，整个集雨面积约6.3平方千米。该段河流断面宽度约为20米，非洪水期流量较小。

根据黑沱河污染源调查情况以及相关环境条件分析，其水体黑臭的主要成因如下：一是椑木镇人口众多，目前尚未建有污水处理厂及配套管网，沿线生产废水和生活污水直接排入水体，特别是农贸市场的废水和废物；二是垃圾随意丢弃至河道，河道淤积严重；三是椑木镇过境交通量较大，道路及沿线的径流污染严重，降雨直接汇入水体；四是黑沱河上游养殖、农业面源污染较多，加速水体富营养化。

9. 古堰溪黑臭水体

古堰溪地处内江市白马镇，总集雨面积约为5.2平方千米。该河流共两个源头：一个位于内江南站附近，沿林场路穿过白马镇城区向内江白凤客运站延伸；另一个位于白马镇西北侧，沿白朝路向内江白凤客运站延伸，两条支流在客运站处汇流后进入白马镇建成区暗渠，再流入沱江。

根据古堰溪污染源调查情况以及相关环境条件分析，其水体黑臭的主要原因如下：一是沿线众多企业及作坊生产过程中产生大量废水，污染物复杂，且均未经达标处理直接排放至古堰溪；二是目前白马镇尚未建设污水处理厂及相应配套管网，古堰溪两侧居民产生的生活污水直接排入水体；三是由于污染物长期直排，固废垃圾严重壅塞河道，淤泥沉积严重且水生植物生长茂密，致使水体严重发黑发臭；四是沿线存在垃圾直接丢弃至河道现象，尽管沿线建有几处垃圾收集站点，但建设不标准、清运管理不规范，降雨时容易渗漏至水体，严重时直接将垃圾冲刷至河道；五是古堰溪上游集雨面积有限，来水量较少，但是区内聚集了不少农村居民、鱼塘养殖和农田，形成不可忽视的面源污染。

10. 龙凼沟黑臭水体

龙凼沟地处内江市乐贤镇，总长0.95千米，总集雨面积约1平方千米，水量较少。龙凼沟起源于乐贤工业园区，河流沿内桦路自北向南延伸，最后于内江市泰来职业学校处流入沱江，走势呈"1"字形。该河流上游为暗渠形式，穿农田，跨铁路，经溪沟汇入沱江。根据龙凼沟污染源调查情况以及相关环境条件分析，其水体黑臭的原因如下：一是上游企业生产废水通过排水暗渠直接排放至铁路桥下侧，同时暗渠沿线存在渗漏现象；二是内江市泰来职业中学未建设相应污水处理设施，化粪池污水直接就近溢流至龙凼沟。

11. 小青龙河（城区段）黑臭水体

根据污染源调查情况以及相关环境条件分析，其水体黑臭的主要成因如下：一是沿线开发建设产生的生活污水直接排入水体，特别是高桥镇区、职业技术学院等的生活污水排放；二是集雨范围内存在禽类集中养殖、鱼塘养殖以及农业面源污染，特别是该区域蔬菜大面积种植，面源污染较重；三是沿线水生植物生长及农业作物残体丢弃，对水体产生一定影响。

## （二）城区其他水体污染调查

### 1. 五凤溪流域

（1）点源污染状况。根据现场调查，五凤溪流域周边共涉及沿河居民 2 284 户、7 300 余人。农村生活污染源：根据农村人口数、人均用水量及人均产污系数，测算农村生活污水及其污染物的排放量。参考《四川省饮用水水源地基础环境调查及评估》推荐源强系数，结合区域实际情况，人均污水排放量为 64 升/人·天。全年共计废水排放量为 170 528 立方米。五凤溪生活废水平均污染物浓度见表 2-13。

表 2-13　五凤溪生活废水平均污染物浓度

| 污染物 | 化学需氧量 | 氨氮 | 总氮 | 总磷 |
|---|---|---|---|---|
| 平均浓度/毫克·升 | 250 | 20 | 30 | 3.5 |

根据上述污染物排放系数计算出五凤溪溢出废水污染负荷，见表 2-14。

表 2-14　五凤溪溢出废水污染负荷

| 污染物 | 废水量/立方米·年 | 化学需氧量 | 氨氮 | 总氮 | 总磷 |
|---|---|---|---|---|---|
| 排放负荷/吨·年 | 170 528 | 42.632 | 3.411 | 5.116 | 0.597 |

（2）面源污染状况。降雨冲刷径流污染主要来自流域范围内道路冲刷带入污染物。进城车流量较大，且货运型车辆较为集中，致使路面残留污染物较多，该类物质进入水体将造成较大污染。我们调查与现场走访发现，调查范围内分散养殖的畜禽以猪、鸡、鸭为主。根据各乡镇调查摸底资料统计，2017 年，五凤溪内江市市中区段畜禽养殖场总计 7 户。参考《畜禽养殖业污染物排放标准》GB18596 - 2001 污水产生量进行计算［散养畜禽（猪）污水产生量为 5 千克/头·日］，计算结果如表 2 - 15 至表 2 - 17 所示。

表 2 - 15　养殖场污染物产生浓度

| 污染物 | 化学需氧量 | 生物需要量 | 氨氮 | 悬浮物 |
| --- | --- | --- | --- | --- |
| 平均浓度/毫克·升 | 4 000 | 3 000 | 400 | 1 000 |

表 2 - 16　养殖场污染物产生负荷测算

| 项目 | 废水量（立方米/年） | 化学需氧量 | 生物需要量 | 氨氮 |
| --- | --- | --- | --- | --- |
| 排放负荷/吨·年 | 3 248.5 | 12.994 | 9.745 5 | 1.299 4 |

表 2 - 17　五凤溪内江市市中区段畜禽养殖场规模

| 河流名称 | 河道禁养区内养殖场名称 | 具体地址 | 畜禽种类 | 养殖规模（折算生猪当量，头） | 是否按养殖规模配备治污设施 | 污水产生量估算/立方米·年 |
| --- | --- | --- | --- | --- | --- | --- |
| 五凤溪内江市市中区全安镇段 | 散户养殖 | 全安镇狮湾村1 社 | 猪 | 30 | 否 | 54.75 |
| | 散户养殖 | 全安镇狮湾村1 社 | 猪 | 10 | 否 | 18.25 |
| | 散户养殖 | 全安镇余坝村7 社 | 猪 | 30 | 否 | 54.75 |
| 五凤溪内江市市中区朝阳镇段 | 亚虹农场 | 朝阳镇黄桷岭村 | 鸡 | 1 000 | 否 | 18.25 |
| | | | 猪 | 200 | 否 | 365 |

表2-17(续)

| 河流名称 | 河道禁养区内养殖场名称 | 具体地址 | 畜禽种类 | 养殖规模（折算生猪当量，头） | 是否按养殖规模配备治污设施 | 污水产生量估算/立方米·年 |
|---|---|---|---|---|---|---|
| 五凤溪内江市市中区永安镇段 | 四川省德福隆实业有限公司 | 永安镇园坝村 | 猪 | 1 000 | 否 | 1 825 |
|  | 四川省赛德隆农业科技有限公司 | 永安镇园坝村 | 猪 | 500 | 否 | 912.5 |

2. 吴家溪流域

（1）点源污染状况：根据现场调查，吴家溪周边共涉及沿河居民1 911户、6 803余人。农村生活污染源：根据农村人口数、人均用水量及人均产污系数，测算农村生活污水及其污染物的排放量。参考《四川省饮用水水源地基础环境调查及评估》推荐源强系数，结合区域实际情况，人均污水排放量为64升/人·天。全年废水排放量共计为151 468立方米/年。据上述污染物排放系数计算出的溢出废水污染负荷见表2-18。

表2-18 吴家溪生活废水平均污染物排放量预测

| 污染物 | 废水量/立方米·年 | 化学需氧量 | 氨氮 | 总氮 | 总磷 |
|---|---|---|---|---|---|
| 排放负荷 | 151 468 | 37.867 | 3.03 | 4.54 | 0.530 |

（2）面源污染状况：根据各乡镇调查摸底资料统计，2017年吴家溪市中区段畜禽养殖场总计15户。参考《畜禽养殖业污染物排放标准》GB18596-2001污水产生量进行计算［散养畜禽（猪）污水产生量为5千克/头·日］，计算结果见表2-19、表2-20。

表2-19 养殖场平均污染物排放量预测

| 污染物 | 废水量/立方米·年 | 化学需氧量 | 生化需要量 | 氨氮 |
|---|---|---|---|---|
| 排放负荷 | 2 093.275 | 8.373 1 | 6.280 | 0.837 |

表 2-20　吴家溪内江市市中区段畜禽养殖场规模

| 具体地址 | 畜禽种类 | 养殖规模（折算生猪当量，头） | 是否按养殖规模配备治污设施 | 处理工艺 | 是否干湿分离、雨污分离 | 污水最终去向 | 污水量预测/立方米·年 |
|---|---|---|---|---|---|---|---|
| 枊担湾 3 社 | 猪 | 95 | 是 | 沼气 | 是 | 吴家溪 | 173.375 |
| 枊担湾 3 社 | 猪 | 26 | 是 | 沼气 | 是 | 吴家溪 | 47.45 |
| 高峰 3 社 | 牛 | 487 | 是 | 沼气 | 是 | 吴家溪 | 888.775 |
| 高峰 4 社 | 猪 | 21 | 是 | 沼气 | 是 | 吴家溪 | 38.325 |
| 高峰 4 社 | 猪 | 19 | 是 | 沼气 | 是 | 吴家溪 | 34.675 |
| 高峰 4 社 | 猪 | 12 | 是 | 沼气 | 是 | 吴家溪 | 21.9 |
| 高峰 5 社 | 猪 | 20 | 是 | 沼气 | 是 | 吴家溪 | 36.5 |
| 高峰 6 社 | 猪 | 37 | 是 | 沼气 | 是 | 吴家溪 | 67.525 |
| 元元坡 1 社 | 猪 | 60 | 是 | 沼气 | 是 | 吴家溪 | 109.5 |
| 漏棚湾 1 社 | 猪 | 19 | 是 | 沼气 | 是 | 吴家溪 | 34.675 |
| 漏棚湾 5 社 | 猪 | 20 | 是 | 沼气 | 是 | 吴家溪 | 36.5 |
| 白马镇联四村 5 社 | 猪 | 194 | 是 | 沼气池 | 是 | 吴家溪 | 354.05 |
| 白马镇联四村 6 社 | 猪 | 67 | 否 | 简易池 | 否 | 吴家溪 | 122.275 |
| 白马镇联四村 6 社 | 禽 | 50 | 否 | 简易池 | 否 | 吴家溪 | 91.25 |
| 瓦堆湾 4 社 | 猪 | 20 | 是 | 沼气 | 是 | 吴家溪 | 36.5 |

**3. 乌龙河流域**

（1）点源污染状况：乌龙河在内江市市中区伏龙镇段从新祠堂村 3 社入境、新祠堂村 8 社出境，在伏龙镇内流经 1 个村 3 个社，全长约 2 千米，沿河居民约有 37 户、162 人，居民无污水处理设施。乌龙河从凌家镇中部流过，从尖山坡村入境、柳家嘴村出境。在内江市市中区凌家镇内流经 12 个村 91 个社，全长约 19 千米，沿河居住居民约有 924 户、3 550 人，居民无污水处理设施。内江市市中区朝阳镇处于乌龙河东侧，该段乌龙河为朝阳镇与西侧威远县东联镇的行政界限。乌龙河从汪洋村连桥入境、大洪山村 2 社攀升桥出境，在朝阳镇内流经 7 个村 18 个社，全长约 9 千米，沿河 50 米范围内居住居民约有 177 户、620 人，无污水处理设施。

（2）面源污染状况：经调查与现场走访，调查范围内分散养殖的畜禽以猪、鸡、鸭为主。根据各乡镇调查摸底资料统计，2017 年乌龙河内江市市中区段畜禽养殖场总计 7 户。参考《畜禽养殖业污染物排放标准》（GB18596 - 2001）污水产生量进行计算［散养畜禽（猪）污水产生量为 5 千克/头·日］，计算结果见表 2 - 21。

表 2 - 21　乌龙河内江市市中区段畜禽养殖场规模

| 河流名称 | 河道禁养区内养殖场名称 | 具体地址 | 畜禽种类 | 养殖规模（折算生猪当量，头） | 是否按养殖规模配备治污设施 | 污水产生量估算/立方米·年 |
|---|---|---|---|---|---|---|
| 乌龙河市中区朝阳镇段 | 散户养殖 | 朝阳镇代家沟七社 | 猪 | 30 | 否 | 54.75 |
| | 共生园养牛场 | 华匠村 | 牛 | 50 | 否 | 91.25 |
| | 散户养殖 | 大洪山村二社 | 牛 | 13 | 否 | 23.73 |
| 乌龙河市中区凌家镇段 | 散户养殖 | 牛口桥村一社 | 猪 | 20 | 否 | 36.5 |
| 乌龙河市中区伏龙镇段 | 散户养殖（柳小平） | 新祠堂村4社 | 猪 | 100 | 否 | 18.25 |
| | 散户养殖 | 新祠堂村8社 | 猪 | 20 | 否 | 36.5 |

4. 水口寺河流域

（1）点源污染状况。水口寺河系乌龙河左岸支流、釜溪河二级支流、沱江三级支流。所辖河段均在永安镇境内，起点为连部湾村和平水库，流经石板村，在三应寺村与桂溪河交汇，河长约 5.2 千米（上游河段为现代农业砖砌渠道、约 2.3 千米，下游河段为自然河段、约 2.9 千米）。流域涉及永安镇连部湾村 2 社、1 社，石板村 3 社、7 社，三应寺村 7 社、5 社、3 社、6 社和万家场镇。水口寺河流域常住人口有 259 户、1 545 人，沿途灌溉面积 1 200 余亩。河段最宽处 10 米、最窄处 2 米，水深 1~3 米，途中有公路桥 3 座、石河堰 3 座。目前该水质为劣 V 类。

2017 年调查时，水口寺河周边无完善的市政管网及垃圾收集转运系统，无大型养殖场和食品加工厂等重大污染源，生活污水经地表径流进入水口寺河。但由于水口寺河的天然补给水源主要来自河岸周边雨水汇集，其集雨面积小，汇水量小，交换水量少，补水周期较长，环境容量小，抗污染能力较低，容易发生富营养化和水质恶化现象。

根据现场调查，水口寺河周边共涉及沿河居民 259 户、1 545 人。根据农村人口数、人均用水量及人均产污系数测算农村生活污水及其污染物的排放量。参考《四川省饮用水水源地基础环境调查及评估》中的源强系数，结合区域实际情况，人均污水排放量为 64 升/人·天。全年废水排放量共计为 36 091 立方米。

（2）面源污染状况。水口寺河内江市市中区段约 5.2 千米，其中，上游为现代农业砖砌渠道、约 2.3 千米，下游为自然河段、约 2.9 千米。考虑沿河两岸农田径流污染影响范围 200 米，总农田径流污染影响面积约 1.16 平方千米。水口寺河周边农田分布较为广泛，在农田耕种中除使用农家肥外，还普遍存在化肥和农药的使用，但总体施用量较少。据调查，每亩化肥和农药施用量分别约为 140 千克和 0.34 千克。

## 五、水生态环境问题识别

### （一）地表水质量较差，水资源总量短缺

沱江流域内江段地表水常年质量较差。2015 年，内江市全市 20 个参与评价监测断面中，干流 4 个，顺河场断面水质不达标，其余 3 个断面水质类别为 Ⅲ 类；支流 16 个，除民心桥、豆腐桥、永福、砖瓦厂 4 个断面达标外，其余 12 个断面水质均超标。同时，内江市多年人均水资源量仅为 351 立方米，占全省多年人均值 2 916 立方米的 12.03%，位居全省市州的第 20 位；占全国多年人均值 2 200 立方米的 15.95%，是全国 108 个最严重缺水城市之一。目前，内江市水资源开发利用已达到 36%，市中区水资源开发利用更是达 45% 以上，远高于全省 9% 的开发利用水平。水资源总量日渐短缺已成为制约区域经济社会发展的瓶颈因素。

### （二）主要企业沿江分布，小企业治污水平差

内江市大部分企业沿沱江干流分布，废水全部直接排入环境，一些用水

量大、废水排放量大的企业也均沿江分布，污染风险较高。加之工业用水重复利用率低，且部分企业存在偷排、短路直排、超标排放等违法行为，部分企业废水处置设施运行不正常，一旦出现问题将造成企业直接向沱江排放污水问题。此外，区域内还有大量企业属于小规模企业，其生产情况和排放数据难以掌握。由于这部分企业分布较散，环保部门的监管相对薄弱，治污水平较低或者无治污设施，其污染无序排放对环境造成了直接影响。在城区的古堰溪、麻柳河—益民溪等水体沿线分布着药厂、啤酒厂、榨菜厂、煤球厂、皮革厂、预制板厂等众多小企业，大多小企业的废水未经处理直接排放，是造成水体黑臭的重要原因。

### （三）农村面源污染较重，治污水平有待提高

内江市土地利用以耕地为主，大量化肥、农药流失到环境中，造成土壤、地表水和地下水污染。特别是沱江两侧还有部分耕地，遇大雨存在化肥随地表径流流入沱江现象，影响沱江水质。同时，该区域内还分布着畜禽养殖场 700 多家，部分养殖场废水未经处理或处理不达标就直接排放，对区域河流水质造成影响。

### （四）沱江流域上游污染企业较多，影响沱江干流水质

沱江上游成都、德阳等市涉磷企业众多，仅德阳就有 17 座磷石膏堆场，青白江化工厂、彭州石化、资阳规模畜禽养殖等都是排污大户。2016 年，内江市沱江入境断面顺河场为Ⅳ类水质，部分月份其水质为Ⅴ类，全年 12 次监测中仅 8 月的水质达标，其余月份超标项目均为总磷，初步估算上游来水对干流总磷的贡献在 30% 以上。境内城镇和工业企业沿沱江干流密集分布，经济开发强度大，沿线生活污水直排、生态用地占用以及无序采砂等问题突出；同时支流来水量少，水流速度缓慢，水体自净能力明显不足。

### （五）城区黑臭水体遍布，加剧沱江水质恶化

沱江流域内江段排查出的 11 条黑臭水体基本覆盖了城市建成区范围内的全部主要河道，其中 9 条河流黑臭水体全部直接排入沱江，且有 4 条为重度黑臭水体。这些河流的汇入对沱江水质造成了严重影响。

## （六）污水处理设施滞后，收集处理能力不足

在水环境综合治理前，沱江干流沿线仍然有很多乡镇未建污水处理厂，特别是沱江出境考核断面上游的小河口镇、白马镇、龙门镇等对出境断面水质有重大影响的乡镇均未建设污水处理设施。同时，已建污水处理设施的部分乡镇由于未配套建设生活污水收集管网，或处理工艺和运行管理存在问题，污水处理效率很低，部分污水处理厂甚至出现污染物出水浓度高于进水浓度的情况，仍有大量污水为直排状态，大量污水直接排入沱江或排入支流最终进入沱江，水污染问题也日趋严重。

## （七）水生态系统脆弱，恢复难度较大

### 1. 河道淤积严重

沱江流域内江段大部分河道淤积、水位较浅，不利于有机物降解，生态修复功能差，自净能力弱，水生态系统退化明显。部分河道两侧蓝线空间被农民种植农作物，土地裸露，降雨容易造成水土流失，河道底部淤积大量泥沙。内河建设标准低，其排水能力难以承受高标准的暴雨，且受建设用地限制，难以对内河进行拓宽整治；河道排涝站抽排能力不足，城市建设挤占河道蓝线严重，垃圾成堆，底泥淤积，严重影响河道的行洪排涝能力，加之部分蓝线空间被农田和房屋侵占，暴雨极易引发河水上涨，周边住户安全存在风险。

### 2. 河道破碎化现象严重

除部分原始自然河道外，沱江流域内江段部分河湖岸线在多年的开发建设下，均已改造成硬质化驳岸，生态岸线极其薄弱；多条河道的多处河段为直立式浆砌石驳岸，只着重于防洪、排水方面的考虑，没有考虑驳岸的景观、文化、生态等其他功能，不仅丧失了河道的自然属性，而且破坏了河岸植被赖以生存的基础；大部分水系连通循环不畅，水体自我循环净化能力差；河道淤积严重，两岸边坡上垃圾成堆，河道两岸建有大量的高层居民楼，侵占了河道的蓝线空间，部分低层居民建筑拆除不彻底，道路肠梗阻严重，河道景观破碎化。

### 3. 河道没有形成植物群落

沱江流域内江段河道两侧植物种植大多存在问题，没有层次感，没有形成

完整的植物群落，生态性和景观性极差，部分甚至泥土裸露；人工驳岸植物种植形式较为单一，没有形成良好的视觉景观效果；河道内淤积严重，杂草丛生，未进行整治；多种滨水植物、鱼类、水禽等生物的栖息地、水体生态功能遭到了一定程度的破坏，水岸景观千篇一律、生态廊道面临侵蚀。

### （八）跨界河流治理复杂，地区利益冲突明显

沱江流域跨多个行政区，输入型总磷污染是沱江内江入境断面水质超标的主要原因。跨界河流水污染治理的复杂性，决定了各地方政府单方面努力无法达到流域跨界水污染治理目标，地区利益冲突显著，需要区域地方政府间通力合作、相互协调。

# 第三章　沱江流域内江段水污染治理主要举措

　　针对沱江流域内江段水污染存在的严重问题，根据水生态环境问题识别，内江市按照生产、生活、生态"三生共赢"，水资源、水环境、水生态"三位一体"和政府、企业、公众"三方共治"的思路，以系统治理思维搭建治理基础框架，以问题为导向推重大项目、抓日常监管，以流域治理整体推动、区域协作治理和生态修复为深化治理目标，采取了一系列组合措施，多措并举，推动落实沱江流域内江段水环境综合治理。

## 一、严格落实法律法规，及时出台相关文件政策及规划

### （一）严格落实水污染治理法律法规

#### 1. 严格执行国家法律法规

　　内江市在水环境污染治理的过程中，严格执行国家层面的法律，包括《中华人民共和国水法》《中华人民共和国水污染防治法》《中华人民共和国水污染防治法实施细则》《国家地表水环境质量标准》《生活饮用水卫生标准》《渔业水质标准》《农田灌溉水质标准》《污水综合排放标准》《船舶污染排放标准》《环境保护公众参与办法》等。按照这些国家层面的法律法规要求，内江市率先在全省启动并完成了市级水功能区的划定工作，对全市5个城市集中式饮用水源、68个乡镇集中式饮用水源进行了全面监测，依法公开

信息。清理登记入河排污口 415 个。划定禁养区面积 1 287.78 平方千米，关停 106 个畜禽养殖场（户）。

2. 积极落实省级法规

2019 年 5 月，四川省第十三届人民代表大会常务委员会第十一次会议通过了《四川省沱江流域水环境保护条例》。该条例作为四川省首次以单独流域立法的方式推进污染治理的开篇之作，突出规定了生态保护补偿机制、环境污染责任保险制度、排污权有偿使用和交易制度、生态环境损害赔偿制度等水环境保护四项基本制度，对各行各业的相关环境行为进行了详细的规定和约束，成为内江市水污染治理及保护过程中更具有实际操作性的法律条例。

3. 加强地方立法保障

在执行国家和省级法律法规的基础上，内江市也根据自身的实际情况制定了相关规章制度。2016 年 12 月，内江市政府印发实施全省第一个水体达标方案《内江市沱江干流水体达标方案》。该方案通过对内江市沱江干流水环境现状进行分析，识别主要环境问题成因，确定了水质改善目标指标，提出了水环境改善的工作思路、技术路线、工作内容，针对关键问题和关键区域形成重点工程清单，建立了项目储备库，为推进沱江流域内江段综合治理提供了重要依据。2017 年 12 月 1 日，四川省第十二届人民代表大会常务委员会第三十七次会议批准了内江市第七届人民代表大会常务委员会第十次会议通过的《内江市甜城湖保护条例》。这是沱江流域第一部加强水资源保护和管理的法规，是内江首部实体性地方法规，为保护甜城湖生态环境提供了有力的法治保障。

## （二）加强顶层设计，出台水污染治理文件

"十三五"以来，内江市高度重视沱江"母亲河"的治理与保护，出台了一系列规范性文件，如表 3-1 所示。这些文件明确了内江市水污染治理的方向和目标。其中，《水污染防治行动计划内江市实施方案》《中共内江市委关于内江沱江流域综合治理和绿色生态系统建设与保护若干重大问题的决定》两个文件为内江市沱江流域（内江段）水污染治理提供了实施方案和重大项目安排。

2016 年 3 月，内江市人民政府审议通过了《水污染防治行动计划内江市

实施方案》，提出了全面控制污染物排放、推动经济绿色发展、着力节约保护
水资源、强化污染治理的科技支撑四项重点任务。

表 3-1　近年内江市出台的有关水环境污染治理的规范性文件

| 颁发时间 | 文件名称 | 重点任务 |
|---|---|---|
| 2016 年 3 月 | 《水污染防治行动计划内江市实施方案》 | 1. 全面控制污染物排放；<br>2. 推动经济绿色发展；<br>3. 着力节约保护水资源；<br>4. 强化污染治理的科技支撑 |
| 2016 年 12 月 | 《中共内江市委关于内江沱江流域综合治理和绿色生态系统建设与保护若干重大问题的决定》 | 1. 实施大规模绿化内江行动重大项目；<br>2. 实施流域污染防治重大项目；<br>3. 实施产业转型升级重大项目；<br>4. 实施新型城镇化建设重大项目；<br>5. 实施绿色交通建设重大项目；<br>6. 实施水资源综合利用重大项目 |
| 2016 年 12 月 | 《内江市沱江干流水体达标方案》 | 1. 确定水质改善目标指标；<br>2. 提出水环境改善的工作思路、技术路线、工作内容；<br>3. 针对关键问题和关键区域形成重点工程清单，建立项目储备库 |
| 2017 年 6 月 | 《内江市城镇污水处理设施建设三年推进实施方案》 | 1. 水处理设施体系；<br>2. 污水主次管网体系；<br>3. 污泥处理处置体系；<br>4. 污水处理监管体系 |
| 2018 年 8 月 | 《内江市湿地保护修复制度实施方案》 | 1. 建立健全湿地保护制度；<br>2. 建立健全湿地修复制度；<br>3. 健全湿地监测评价体系 |
| 2017 年 3 月 | 《内江市河（库）长制工作会议制度（试行）》 | 1. 市级总河（库）长会议制度；<br>2. 市级河（库）长例会制度；<br>3. 市总河（库）长办公室成员单位联席会议制度；<br>4. 河（库）长督导巡查制度；<br>5. 河（库）长办公室督导检查制度；<br>6. 督办制度 |

表3-1(续)

| 颁发时间 | 文件名称 | 重点任务 |
|---|---|---|
| 2018年2月 | 《内江沱江流域市场准入负面清单》 | 对流域内集中式饮用水水源保护区等9大类区域进行分类管控 |
| 2018年 | 《沱江流域"一河一策"管护方案》 | 1. 水资源保护；<br>2. 水域岸线管理保护；<br>3. 水污染防治；<br>4. 水生态修复；<br>5. 水环境治理 |

资料来源：根据内江市人民政府网信息整理所得。

2016年11月，中国共产党内江市第七届委员会第二次全体会议通过了《中共内江市委关于内江沱江流域综合治理和绿色生态系统建设与保护若干重大问题的决定》，明确了实施"大规模绿化内江行动""流域污染防治""产业转型升级""新型城镇化建设""绿色交通建设""水资源综合利用"等重大项目，全面启动沱江流域（内江段）综合治理工作。针对城镇污水治理，2017年6月，内江市人民政府通过了《内江市城镇污水处理设施建设三年推进实施方案》，为内江市污水处理设施、污水主次管网、污泥处理处置、污水处理监管体系的建设提供了实施方案。

（三）坚持规划引领，编制水污染治理规划

内江市政府在水污染治理过程中，坚持规划引领，通过编制水污染治理规划，统筹指导水污染治理工作。2016年，内江市政府按照产、城、人、水融合发展理念，编制完成《内江市沱江流域综合治理和绿色生态系统建设与保护规划（2017—2020年)》，作为全市流域治理的行动指南，并完成城市绿地系统、山体保护、水资源综合规划等配套专项规划编制，成为内江市流域治理的总揽性规划。同时，编制《内江市沱江流域综合治理和绿色生态系统建设与保护重大项目规划（2017—2020年)》，筛选储备重大项目441个、总投资1 449.16亿元。此外，还有许多相关规划，也均涉及水资源的开发利用以及水环境的治理和保护，如《内江市城区饮用水源保护规划》《内江市中心城区排水（雨水）防涝综合规划（2014—2030)》《内江市中心城区防洪规划》《内江市绿色金融发展规划》《"十三五"内江市供水设施建设规划》《内江市城市水系统综合规划》《内江市"十三五"工业发展规划》《内江市"十三五"农业和农村经济发展规划》《内江市"十三五"生态建设与环境保护规划》等。近年内江市出台的有关水污染治理的相关规划见表 3－2。

表 3－2　近年内江市出台的有关水污染治理的相关规划

| 颁发时间 | 规划名称 | 重点任务 |
|---|---|---|
| 2017 年 8 月 | 《内江市沱江流域综合治理和绿色生态系统建设与保护规划（2017—2020 年)》 | 1. 健全流域空间治理体系，强化流域空间红线管控；<br>2. 调整优化三次产业结构，推进形成绿色生产方式；<br>3. 节约集约利用水资源，以节水促减污、促发展；<br>4. 切实强化水污染防治，减少流域污染物输入总量；<br>5. 保护与修复并举，增强水体自净能力和生态功能；<br>6. 创新流域综合治理体制机制 |
| 2017 年 8 月 | 《内江市沱江流域综合治理和绿色生态系统建设与保护重大项目规划（2017—2020 年)》 | 1. 大规模绿化内江项目（22 个）；<br>2. 流域污染防治项目（95 个）；<br>3. 产业转型升级项目（130 个）；<br>4. 新型城镇化项目（225 个）；<br>5. 绿色交通项目（25 个）；<br>6. 水资源综合利用项目（50 个） |
| 2016 年 11 月 | 《内江市水利发展"十三五"规划》 | 1. 加强防洪减灾工程建设；<br>2. 全面推进节水型社会建设；<br>3. 加强水土保持及水生态文明建设；<br>4. 强化水利管理 |
| 2016 年 5 月 | 《内江市"十三五"生态建设与环境保护规划》 | 1. 优先保障饮用水安全；<br>2. 全面推进生活污水处理设施及配套管网建设；<br>3. 大力整治畜禽养殖污染和农业面源；<br>4. 强化工业源污染治理；<br>5. 实施沱江干流出境水质达标行动；<br>6. 重点实施小流域环境综合整治；<br>7. 消除城市黑臭水体 |
| 2016 年 | 《内江市供水专项规划（2013—2030)》 | 规划蒙溪河、沱江及黄河水库作为内江市城区、高桥片区和白马片区的供水水源，清流河作为椑木片区的供水水源 |
| 2016 年 | 《内江市城市水系统综合规划》 | 1. 城市水环境综合保护规划；<br>2. 城市水资源综合利用规划；<br>3. 城市水安全保障规划 |

表3-2(续)

| 颁发时间 | 规划名称 | 重点任务 |
|---|---|---|
| 2016年10月 | 《内江市域城镇体系规划和内江市城市总体规划（2014—2030）》 | 1. 市域水资源利用规划；<br>2. 城市生态系统保护与环境设施卫生规划 |
| 2016年4月 | 《内江市"十三五"农业和农村经济发展规划》 | 1. 加强生态环境建设；<br>2. 加强环境综合治理 |
| 2015年11月 | 《内江市排水工程专项规划》 | 1. 污水处理厂规划；<br>2. 中水回用规划 |

资料来源：根据内江市人民政府网信息整理所得。

## 二、建立健全统筹协调机制，联动推进水环境综合治理

### （一）成立工作推进领导小组

自内江市的第七次党代会召开以来，沱江流域保护工作被提到了新的高度，内江市政府成立了内江沱江流域综合治理和绿色生态系统建设与保护工作推进领导小组，实行市委书记、市长"双组长"制，下设规划推进组、综合协调组、生态环保水利组、产业发展组、城市建设组、交通建设组和社会民生组7个工作组，从各县（区）、市级部门、金融机构和市属国有企业抽调30名业务骨干，专职负责推进沱江流域综合治理和绿色生态系统建设与保护工作。

### （二）健全河（湖、库、溪）长制

根据中央、省关于全面落实河长制、湖长制工作总体要求，在省总河长办公室和省河长制办公室的指导下，内江市高效完成"河长制"工作方案制定、组织领导体系建设、工作制度机制建立、工作任务细化实化、河（库）长信息公告等工作，出台了《内江市贯彻落实〈全面推行河长制工作的意见〉的实施方案》《内江市全面推行河（库）长制工作方案》等实施文件，确保了全市河长制工作的落实。内江市河（库）长制组织架构详见图3-1。

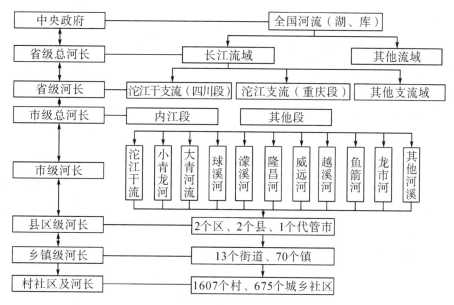

**图 3-1　内江市河（库）长制组织架构**

1. 建立横向到边纵向到底的河（湖、库）长制体系

自全面启动河长制工作以来，内江市构建了横向到边，域内河流、水库河长制全覆盖；纵向到底，市、县、乡、村四级河（库）长全覆盖的河（湖、库）长制体系。确保市、县、乡管理的河库及农村众多小河库，每一条河、每一座水库都有河（库）长负责。对全国水利普查的河流、流域面积 50 平方千米以下的河（库）以及老百姓通俗认为的河（库），均分级、分段、分库设立了由同级党政领导担任的河（库）长；全市纳入河（库）长制管理的河流共 165 条、水库 364 座，共设立了市级河长 34 名、库长 6 名；县（区）级河长 130 名、库长 35 名；乡镇（街道）级河长 587 名、库长 243 名；村（社区）级河长 2 811 名、库长 844 名。做到了河（库）长无缝连接全覆盖和全市河流、水库、池塘等水域全覆盖"两个全覆盖"。

2. 强力推进河（湖、库）长制工作落实落地

（1）明确河长职责。内江市专门印发"总河（库）长""市级河（库）长""总河（库）长办公室"及其成员单位工作职责、年度工作要点和任务清单，在定职责、定任务、定时限的基础上，市河（库）长制办公室采取分别致信 34 名市级河（库）长，详细告知其所联系河库基本情况、对应联系市

级部门、具体工作任务及完成时限要求等方式。

（2）发布工作简报。内江市河（库）长制办公室通过定期编发工作简报，建立河长制短信发布平台，每天通报各级河（库）长、联系部门和县（区）河（库）长制工作动态和经验做法，坚持每月组织人员对县（区）及乡镇（街道）推进河（库）长制工作进行集中督导和专项督查。

（3）建立水行政综合执法体系。内江市针对侵占水域岸线、非法采砂、非法排污、破坏航道、非法养殖以及在河库范围内乱占乱建、乱采乱挖等阻碍行洪、破坏河道、影响生态等突出问题，积极探索建立水行政综合执法体系，深入开展联合监督检查活动；先后联合交通（海事）、住建、环保、防汛、水上派出所、铁路派出所等部门，开展高频率检查巡查。

3. 创新河（湖、库）长制管理方式

（1）企业河（湖、库）长制的管理创新。资中县探索建立了企业河（库）长制，实行"属地管理＋层级管理"的模式，将临河、临库的加工厂、学校、种植养殖基地等企业和单位纳入河（库）长责任体系，由企业河（库）长负责对厂区范围内河段开展河道清理、污水违规排放巡查等工作，同时建立企业河（库）长考核奖励机制，对成绩突出的企业河（库）长实行资金奖励。目前，已建立银山鸿展工业、文江渡船企业等企业河（库）长46名。

（2）"河道警长制"的管理创新。资中县与经开区结合公安职能，创新实行"河道警长制"，主动对河段周边水污染源、涉水矛盾纠纷等问题线索进行滚动摸排，对摸排出的水污染隐患等问题，经环保、公安、水务等部门联合会商，采取警告、罚款等措施进行相应整治。

（3）河道网格员工作机制创新。内江市东兴区则在全市率先建立了河道网格员工作机制，组建了巡河员、保洁员工作队伍，切实加强对河道的监督管理。其中，大清流河市级河长为切实做好大清流河保护、治理工作，还主动与上游资阳市安岳县联系沟通，签订《全面推行河长制工作管理保护合作框架协议》，并协调重庆市荣昌县清流镇召开了全市首个跨省的流域治理工作对接会，快速形成了"共防共治、共管共护、共建共享"的区域协作局面。

### （三）健全环境监管信息公开制度

环境监管信息是环境信息的重要组成部分，推进环境监管信息全面、客观、及时公布，有助于保障公民的环境知情权、参与权和监督权。内江市在水环境防治过程中，通过生态环境局官方网站环境监管信息公开网页，向全社会公布了水环境防治过程中的政策法规、发展规划、环境监察、行政处罚等信息，并建立了"生态内江"官方微博和"生态内江"微信公众号。官方微博和微信公众号实时发布最新工作动态，环境质量状况，宣传环保政策法规，并积极与群众互动。市民只要通过手机登录微信，关注内江市环保局公众平台，便可实时了解相关信息，同时提出自己的意见、建议。

### （四）建立公众环境污染举报制度

为鼓励公众参与生态环境保护，加强对环境违法行为的监督，内江市建立了环境污染举报制度，极大地调动了全社会力量监督举报污染物偷排偷放、生态环境破坏等环境违法行为。2018 年，内江市生态环境局共受理涉及 70 余人次的"12369"环境污染举报热线投诉。其中，关于水环境污染的举报共计 26 次，举报问题包括工业废水污染、生活废水污染和养殖业废水污染。根据公众举报情况，相关部门进行实地调查核实，并出台相关措施进行整改，对于水环境污染的监督治理发挥了积极的作用。

### （五）加强污水处理设施运维监管

建成内江市城镇污水处理设施运行监管信息平台，由此成为四川省已建成污水处理信息监管平台的 4 个地级城市之一。对内江市全市范围内在运行城镇生活污水处理厂进行实时在线监管，为实施"厂—网—河（湖）"一体化管理提供了保障。

### （六）建立院校科研合作机制

内江市加强与内江师范学院、内江农业科学院合作，围绕"人工智能＋流域治理"、水生态修复技术开展研发、测试、应用推广工作；主动对接利用水利部长江水利委员会、中国环境科学研究院、四川省水利科学院以及同济大学、西南交通大学等高等院校的专家资源；积极开展与芬兰水务产业联盟、瑞士水务公司等国外专业团队交流咨询；治理理念显著提升。

### （七）建立沱江全流域联防联治机制

为统筹沱江流域上下游、左右岸、干支流，水域、陆地共同发力，内江市主动加强与沱江沿线城市的对接。2017 年 6 月，内江市东兴区与资阳市安岳县签订《全面推行河长制工作管理保护合作框架协议》，提出加快构建"共防共治、共管共护、共建共享"的工作格局，建立统一的跨区域河流管护体系；建立联席会议制度、联合巡查制度、信息共享制度，不断提升跨区域河流管护工作水平；深入开展区域合作，科学制定管护方案，探索购买社会服务，切实加强宣传引导，合力推进跨区域河流管理保护工作高效开展。2019年 7 月，内江市与荣昌区、永川区、泸州市签订了《深化川渝合作推动泸内荣永协同发展战略合作协议》，提出加强长江、沱江、濑溪河、大陆溪河、龙溪河、大清流河、九曲河（龙市河）、马鞍河、渔箭河等跨界河流水环境综合治理，建立跨省河流水情、雨情信息共享和通报制度，建立跨区域环境保护联动协作机制、上下游河长联动机制和生态补偿机制，加快沱江流域生态环境联防联治，探索建立沱江全流域联防联治。

## 三、强化源头管控、系统整治，推进流域生态河道建设

### （一）强化源头管控，加强各领域污染源控制

**1. 大力发展循环经济**

内江市开展重点产业园区循环化改造，积极发展节能环保产业，鼓励和引进共生、补链项目，构建绿色低碳产业体系；鼓励发展种养结合的农业循环经济，推广普及节水灌溉技术和节能型农用机械；加强以工业、建筑业及农业废弃物为重点的资源回收利用，推进废旧资源再生利用、规模利用和高值利用，整治废旧物资回收及交易市场环境，推进国家"城市矿产"示范基地建设。

**2. 加快建设绿色城镇**

内江市统筹空间、规模和产业三大结构，优化城镇与生态体系布局，划

定并强化城镇绿线管制，合理规划建设县城新区，支持各县建设独具特色的绿色县城，积极争创国家园林县城、国家卫生县城和省级绿化模范县；结合"百镇建设试点行动"，积极培育县域副中心，打造一批特色鲜明、产业发展、绿色生态、美丽宜居镇（乡）。

3. 积极发展绿色交通

近几年，内江市积极发展"智慧交通"，大力构建绿色、低碳、便捷和网络化、标准化、智能化的综合立体交通系统；大力推广新能源汽车，同时，满足市民出行人性化需求，积极构建与城市发展规模相适应、与公共交通一体化、与休闲绿地建设相衔接的安全、舒适、低成本慢行交通系统。

## （二）强化系统整治，做实做强项目支撑

1. 强化系统整治

近年来，内江市针对水污染，积极推进工业污染源防治、城镇生活污染源防治、农村面源污染防治、城镇黑臭水体整治；同时，以流域治理可持续发展为目标，加快内江市市中区白马镇、东兴区椑木镇以及资中县银山镇等沱江沿岸重点乡镇污水处理厂及配套管网建设，启动 15 个建制镇、100 个行政村生活污水无害化处理项目试点建设。内江市主城区黑臭水体治理实施情况见表 3 - 3。

表 3 - 3　内江市主城区黑臭水体治理实施情况

| 序号 | 黑臭水体名称 | 主要实施工程 | 深化提升工程 | 治理期限/年 |
|---|---|---|---|---|
| 1 | 龙凼河 | 截污纳管工程，垃圾清运工程，面源污染控制工程，河道整治和清淤工程 | 实施污水就地处理工程 | 2016—2017 |
| 2 | 太子湖 | | 建设再生水处理站，设置曝气机进行人工增氧，提高水体自净能力 | 2016—2017 |
| 3 | 包谷湾水库 | | 建设污水处理设施，新建生态保护岸，环湖退耕，预留控制区 | 2016—2017 |
| 4 | 麻柳河—益民溪 | | 通过水库泄水及橡胶坝调节，达到活水循环 | 2016—2018 |
| 5 | 寿溪河 | | 建设再生水处理站，结合滨水绿地及生态公园新建生态护岸 | 2016—2018 |

表3-3(续)

| 序号 | 黑臭水体名称 | 主要实施工程 | 深化提升工程 | 治理期限/年 |
|---|---|---|---|---|
| 6 | 谢家河 | | 建设再生水处理设施,结合谢家河水环境改善和景观需求统筹考虑建设生态浮岛,实施沱江引水工程,实现活水循环 | 2017—2019 |
| 7 | 小青龙河 | | 对小青龙河沿线垃圾进行规范化管理,新建垃圾站,提高垃圾转运频率,禁止肥水养 | 2017—2019 |
| 8 | 古堰溪 | | 建设污水就地处理设施;新建生态护岸;建设人工浮岛和湿地公园,实施生态净化 | 2018—2020 |
| 9 | 玉带溪 | | 采用污水就地处理技术,建设湿地生态公园 | 2018—2020 |
| 10 | 潘龙冲 | | 结合片区规划和景观打造的需求修建人工湿地,进行生态净化 | 2018—2020 |
| 11 | 黑沱河 | | 结合河流两侧路面及雨水排放口统筹建设植草沟,修复岸线 | 2018—2020 |

**2. 做实项目储备**

内江市以水资源综合利用、水污染防治、水生态修复为重点,编制完成《内江市沱江流域综合治理和绿色生态系统建设与保护重大项目规划(2017—2020年)》,筛选储备重大项目441个、总投资1 449亿元。同时,积极向上争取资金,2017年以来,内江市共争取中央和省预算内资金、专项债券、专项建设基金等16亿元以上。截至2019年6月,内江市主城区雨污分流暨排水管网病害治理、东兴区畜禽粪污资源化利用整县推进等10个新建重点项目全部开工,完成投资2.18亿元;内江市第二污水处理厂及配套管网、内江市海诺尔焚烧发电等12个续建重点项目完成投资9.16亿元;内江市水环境PPP项目135个子项目已开工79个(完工2个),完成投资5.05亿元。

**(三)强化流域生态修复**

**1. 全面推进大规模绿化内江行动**

内江市积极开展重点区域造林,沱江廊道造林,森林质量精准提升,全面提高森林涵养水源、净化水质的能力,恢复河流、中小型水库原生和次生湿地生态系统。自2017年启动沱江流域绿化工作以来,内江市累计完成人工造林28.7万亩。同时,内江市加强水域岸线管护,开展航运专项管理和船舶、渡口码头污染治理，开展河道采砂突出问题专项整治，依法查处和严厉打击偷采盗采河道砂石、河道采砂破坏耕地和河道岸线等违法行为，保护沱江水生态环境；加强饮用水源地、湖库周边和消落带、河流渠系沿线绿化，形成江河湖库水系绿廊；做好村社进出道路、集中居住点、房前屋后、休闲地绿化；坚持适地适树，改造低产低效林，推广使用多元树种。

2. 着力构建生态绿廊

内江市加快建设沱江水体及两岸滨江绿地组合形成的南北向生态绿廊、黄河镇水库—城市绿心公园—长江森林公园连接而成的东西向生态绿廊，形成通透的城市生态绿廊格局；加强饮用水源地、湖库周边和消落带、河流渠系沿线绿化，形成江河湖库水系绿廊。

3. 加强流域环境风险防控

内江市突出抓好沱江（内江段）干流生态堤防建设、中小河流治理、病险水库除险加固等项目，整合水库防汛预警、山洪灾害防治信息平台和中小河流水文监测系统，提升防汛保安能力；健全重金属、化学品、持久性有机污染物、危险废弃物等环境风险防范与应急管理工作机制；严把入口关，强化入境水断面监测，推动建立流域污染防治和生态保护区域联动机制。

## 四、加大政府投资，发挥市场作用，夯实水污染治理底盘

### （一）加大环境治理投资力度

多元化工程项目投资为内江市水污染治理与保护提供了持续可靠的发展动力。根据内江市沱江流域综合治理和绿色生态系统建设与保护重大项目计划，规划期间将实施大规模绿化内江、流域污染防治、水资源综合利用三类和水环境治理与保护直接相关的项目共计 167 个，计划总投资 222.68 亿元，全域开展水污染治理与保护工作。工程项目资金资金来源渠道多元，包括中央及省预算内资金（29.86%）、专项债券（2.52%）、银行贷款（1.98%）、自筹或其他（65.68%）几个方面。工程项目资金具体用于生态修复、工业点源污染防治、城镇生活污染防治、农业农村面源污染防治、流域风险防控系统建设、重点水源利用、农村安全饮水等方面。内江市沱江流域综合治理和

绿色生态系统建设与保护重大项目计划投资见表3-4。

表3-4　内江市沱江流域综合治理和绿色生态系统建设与保护重大项目计划投资

单位：万元

| 项目 | 中央、省 | 专项债券 | 银行贷款 | 自筹或其他 | 投资总额 |
|---|---|---|---|---|---|
| 大规模绿化内江（22个） | 61 924 | 0 | 22 000 | 244 296 | 328 220 |
| 流域污染防治（95个） | 199 822 | 56 263 | 22 100 | 902 944 | 1 181 129 |
| 产业转型升级（130个） | 114 581 | 1 000 | 73 042 | 2 589 069 | 2 777 692 |
| 新型城镇化（225个） | 392 302 | 70 400 | 516 617 | 2 975 338 | 3 954 656 |
| 绿色交通（25个） | 53 963 | 0 | 52 997 | 3 588 810 | 3 695 770 |
| 水资源综合利用（50个） | 404 116 | 0 | 0 | 316 420 | 720 536 |
| 项目总计（547个） | 1 226 708 | 127 663 | 686 756 | 10 616 877 | 12 658 004 |

数据来源：根据内江市人民政府资料整理而得。

### （二）执行生态保护补偿

为保护沱江水环境，成都、自贡、泸州、德阳、内江、眉山、资阳7个沱江流域市在2018年9月底签署了《沱江流域横向生态保护补偿协议》，约定2018—2020年7市每年共同出资5亿元，设立沱江流域横向生态补偿资金。按照"保护者得偿、受益者补偿、损害者赔偿"的原则，7市各市每年依据对沱江的资源环境压力，按照流域地区生产总值占比、水资源开发利用程度和地表水环境质量系数等确定出资比例。当年，7市各市依据环境工作绩效包括用水效率和水环境质量改善程度等进行资金分配。次年，7市各市综合考虑跨市断面水环境功能水质达标和水质改善情况，进行资金清算，全部达到目标，享受资金分配额；部分达到目标，适当减扣资金分配额；完全未达到目标，全部减扣资金分配额。该协议的签订，标志着四川省流域横向生态补偿机制进入新阶段，也成为内江市水环境治理及保护的重要经济措施。

### （三）实施阶梯水价

2015年，内江市按照国家及四川省的相关要求，积极实施阶梯水价，按照文件要求，第一级水量按覆盖80%的范围内用水量最多的用户年用水量除以 12 个月确定，保障居民基本生活用水需求；第二级水量按覆盖 95% 的范围内用水量最多的用户年用水量除以 12 个月确定，体现改善和提高居民生活质量的合理用水需求；第三级水量为超出第二级水量的用水部分实施居民生活用水阶梯价格制度。这对于保障居民基本用水需求，充分发挥价格机制调节作用，倡导和树立全民节约意识，引导居民合理、节约用水，促进水资源可持续利用，具有十分重要的意义。

# 第四章　沱江流域内江段水环境综合治理成效

通过一系列法律、行政、制度、财政、项目等水环境治理组合拳的实施，沱江流域内江段水污染治理取得阶段性成果。

## 一、环境基础设施不断完善

截至 2020 年 6 月，沱江流域内江段水环境综合治理 PPP 项目 135 个子项目已全面开工、42 座乡镇污水处理站建成并通水调试或运行，26 座乡镇污水处理站已完成一体化设备安装，完成投资 20.2 亿元。内江市全市累计新增城乡生活污水处理能力为 16.8 万吨/日，新建、改建各类污水管网 592.4 千米。城乡生活垃圾处理 PPP 项目 17 个子项目在建 11 个、完工 4 个、前期工作 2 个，累计完成投资 9.46 亿元。内江市生活垃圾处理中心基本建成并投入试运行，22 个垃圾压缩中转站全面开工，已完工 2 个，主体工程完工 12 个，正在进行主体工程施工的 8 有个，流域污染治理能力得到提升。

## 二、黑臭水体治理成效显著

截至 2020 年 6 月，沱江流域内江段 11 条黑臭水体中已有 9 条不黑不臭，群众满意度在 90% 以上。其中，谢家河、小青龙河、龙凼沟、包谷湾、太子湖和玉带溪 6 条黑臭水体治污主体工程已完工，谢家河和小青龙河于 2019 年

7 月，龙凼沟于 2019 年 8 月，包谷湾、太子湖、玉带溪于 2019 年 9 月上报全
国城市黑臭水体整治监管平台，基本实现"推窗见绿、出门有园"的生态生
活，治理达到"初见成效"。治理前后对比效果，见图 4-1 至图 4-3。

a.太子湖治理前　　　　　　　　　b.太子湖治理后

**4-1　太子湖治理前后对比**

资料来源：内江市生态环境局、内江市住房和城乡建设局。

a.谢家河上游五星水库治理前　　　　b.谢家河上游五星水库治理后

**图 4-2　谢家河上游五星水库治理前后对比**

资料来源：内江市生态环境局、内江市住房和城乡建设局。

a.小青龙河治理前　　　　　　　　b.小青龙河治理后

**图 4-3　小青龙河治理前后对比**

资料来源：内江市生态环境局、内江市住房和城乡建设局。

### 三、水资源利用水平提高

为提高水资源利用效率，落实"以水定城、以水定地、以水定人、以水定产"，自内江水环境综合治理以来，内江市大力推进节水型载体创建工作，以点带面促进全社会节水，成功创建一批节水型公共机构。截至2020年上半年，内江市全市已累计创建省级节水型企业5户、市级节水型企业4户，超额完成高效节水灌溉任务。谢家河、邓家坝再生水厂建设，有效填补了内江市中水利用空白。2019年，内江市万元GDP用水量为53.61立方米，较2015年下降32.5%；内江市全市用水总量为7.32亿立方米，远低于控制目标12.3亿立方米。

### 四、产业结构不断优化升级

内江市大力发展新材料、新装备、新医药、新能源和大数据"四新一大"产业，全力推动工业经济转型升级创新发展；切实抓好工业企业节能降耗、落后产能淘汰、清洁生产等工作，全面停止审批钢铁、煤炭和水泥项目，整体退出高耗能、高污染的平板玻璃和铅酸蓄电池行业。2019年，内江市"四新一大"产业产值增长20.5%，占全市规模工业总产值的比重较2018年年底提高2.5个百分点，产业结构进一步得到优化，现代产业体系基本建立。

### 五、水环境质量持续上升

截至2020年4月，沱江干流老母滩断面从2016年的IV水质改善为III类水质，球溪河口断面从2016年的劣V类水质改善为III类水质、威远河廖家堰断面由2016年的劣V类水质改善为IV类水质，其他主要河流水质稳中趋好，县级及以上城市集中式饮用水水源地水质达标率保持在100%。2015年以来，内江市水环境质量监测断面水质评价统计详见表4-1。

表4-1　内江市水环境质量监测断面水质评价统计

| 序号 | 断面名称 | 所在河流 | 类别 | 评价结果 | | | | | |
|---|---|---|---|---|---|---|---|---|---|
| | | | | 2015 年 | 2016 年 | 2017 年 | 2018 年 | 2019 年 | 2020 年 1~4 月 |
| 1 | 顺河场 | 沱江 | 国控 | Ⅳ | Ⅳ | Ⅳ | Ⅲ | Ⅲ | Ⅲ |
| 2 | 银山镇 | 沱江 | 省控 | Ⅲ | Ⅳ | Ⅳ | Ⅲ | Ⅲ | Ⅲ |
| 3 | 高寺渡口 | 沱江 | 省控 | Ⅲ | Ⅳ | Ⅳ | Ⅲ | Ⅲ | Ⅲ |
| 4 | 脚仙村（老母滩） | 沱江 | 国控（自贡） | Ⅳ | Ⅳ | Ⅳ | Ⅲ | Ⅲ | Ⅲ |
| 5 | 发轮河口 | 球溪河 | 国控 | Ⅳ | 劣Ⅴ | 劣Ⅴ | Ⅴ | Ⅴ | Ⅳ |
| 6 | 球溪河口 | 球溪河 | 国控 | Ⅳ | 劣Ⅴ | 劣Ⅴ | Ⅳ | Ⅳ | Ⅳ |
| 7 | 赵家坝 | 威远河 | 市控 | — | — | — | — | Ⅲ | Ⅲ |
| 8 | 破滩口 | 威远河 | 市控 | 劣Ⅴ | 劣Ⅴ | 劣Ⅴ | 劣Ⅴ | Ⅳ | Ⅳ |
| 9 | 廖家堰 | 威远河 | 国控（自贡） | Ⅴ | 劣Ⅴ | Ⅳ | Ⅳ | Ⅲ | Ⅳ |
| 10 | 漏孔滩桥（原隆昌河下游河口） | 隆昌河 | 市控 | 劣Ⅴ | 劣Ⅴ | 劣Ⅴ | 劣Ⅴ | 劣Ⅴ | Ⅴ |
| 11 | 李家桥（原龙市河下游河口） | 龙市河 | 市控 | Ⅳ | Ⅴ | Ⅴ | Ⅳ | Ⅳ | Ⅳ |
| 12 | 白水滩 | 龙市河 | 市控 | 劣Ⅴ | Ⅳ | Ⅳ | Ⅳ | Ⅳ | Ⅳ |
| 13 | 南滨桥 | 渔箭河 | 市控 | — | — | — | — | Ⅳ | Ⅲ |
| 14 | 跳墩子桥（原石燕河） | 渔箭河 | 市控 | Ⅳ | Ⅳ | 劣Ⅴ | Ⅳ | Ⅳ | Ⅲ |
| 15 | 民心桥 | 濛溪河 | 市控 | Ⅲ | Ⅲ | Ⅲ | Ⅲ | Ⅲ | Ⅲ |
| 16 | 资安桥 | 濛溪河 | 市控 | Ⅳ | Ⅴ | Ⅳ | Ⅳ | 劣Ⅴ | Ⅳ |
| 17 | 柏林桥 | 濛溪河 | 市控 | — | — | — | — | Ⅲ | Ⅲ |
| 18 | 濛溪河口 | 濛溪河 | 市控 | — | — | — | — | Ⅲ | Ⅲ |
| 19 | 豆腐桥 | 小青龙河 | 市控 | Ⅲ | Ⅳ | Ⅳ | Ⅳ | Ⅳ | Ⅳ |
| 20 | 来宝桥 | 小青龙河 | 市控 | Ⅳ | Ⅳ | Ⅳ | Ⅴ | Ⅴ | Ⅳ |
| 21 | 永福 | 大清流河 | 市控 | Ⅲ | Ⅲ | Ⅳ | Ⅲ | Ⅲ | Ⅲ |

表4-1(续)

| 序号 | 断面名称 | 所在河流 | 类别 | 评价结果 | | | | | |
|------|---------|---------|------|---------|---------|---------|---------|---------|---------|
| | | | | 2015年 | 2016年 | 2017年 | 2018年 | 2019年 | 2020年 1~4月 |
| 22 | 石子镇石子村李家碥 | 大清流河 | 省控 | — | — | Ⅲ | Ⅳ | Ⅲ | Ⅲ |
| 23 | 平坦镇晒鱼村大埂坝 | 大清流河 | 省控 | — | — | Ⅳ | Ⅳ | Ⅲ | Ⅲ |
| 24 | 七星村 | 大清流河 | 市控 | — | — | — | — | Ⅲ | Ⅲ |
| 25 | 黄家坝 | 大清流河 | 市控 | — | — | — | — | Ⅲ | Ⅳ |
| 26 | 砖瓦厂 | 大清流河 | 市控 | Ⅲ | Ⅳ | Ⅲ | Ⅲ | Ⅲ | Ⅲ |
| 27 | 双河口 | 乌龙河 | 市控 | Ⅳ | Ⅴ | Ⅳ | Ⅳ | Ⅳ | Ⅳ |
| 28 | 黄龙桥 | 越溪河 | 国控(自贡) | — | Ⅲ | Ⅳ | Ⅳ | Ⅲ | Ⅲ |
| 29 | 庆卫镇老桥 | 新场河 | 市控 | — | — | — | — | Ⅱ | Ⅲ |

数据来源：内江市生态环境局。

# 第五章　沱江流域内江段水环境综合治理经验

## 一、政府主导，多主体参与

多主体参与是流域水污染有效治理的前提。沱江流域内江段水污染治理突破了原有的地方分治模式，构建了"多主体参与、多措并举"的网络治理模式，既有"中央政府—省政府—市政府"之间纵向行政力量的参与支持，又有"内江市政府—流域沿线其他地方政府"之间的横向协调合作治理和"内江市政府—相关企业—环境 NGO—公众"之间的纵向联动治理，形成了一个由政府主导、企业参与、公众监督的网络治理模式（见图 6-1）。政府治理机制、市场治理机制、社会治理机制的联合，打破了流域治理长期存在的"囚徒困境"和"搭便车"问题，促进了流域治理中多元主体集体行动的形成和统一目标的达成。

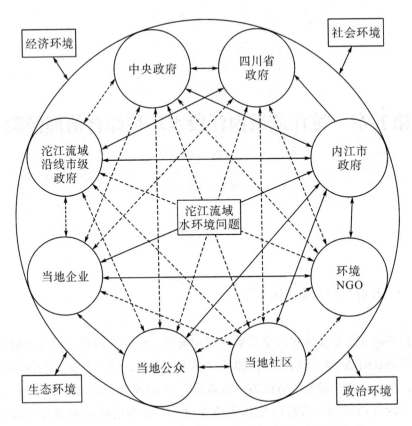

图 5-1　沱江流域试点段水环境治理主体间的网络结构模式

## （一）中央政府—四川省政府—内江市政府间的"委托-代理"治理

中央政府作为沱江流域资源环境的所有者和治理的委托者，并不直接参与治理，而是通过委托-代理的形式将权力委托给四川省政府和内江市政府，在宏观层面上给予行政和财政支持，并对受托者的执行过程和治理效果进行全面督察。如 2018 年 11 月，中央第五生态环境保护督察组对内江市水污染整治工作进行现场检查，发现存在污水处理设施建设滞后、黑臭水体整治不到位等问题。四川省政府作为一级代理者和二级委托者，实际上也并未直接参与治理，继续将权力委托给沱江流域沿线地方政府和内江市政府，并采取行政、制度、法律方面的措施，同时进行全面督察。如出台《四川省"三江"（岷江、沱江、嘉陵江）流域水环境生态补偿办法（试行）》、制定《沱江流域水污染防治规划（2017—2020 年)》、任命四川省副省长为沱江总河长、颁布《四川省沱江流域水环境保护条例》等。内江市政府作为二级代理者，是治理的实际行动者，在整个网络中发挥着核心地位的作用，不仅要执行和落实中央政府与四川省政府关于沱江流域水环境治理的相关部署和规划，还要指导、督促当地企业、社区积极参与，积极与流域沿线其他地方政府、科研机构、环保组织合作。此外，还要积极引导新闻媒体和公众参与流域治理的监督。

### （二）内江市政府与流域沿线地方政府间的"协商－合作"治理

流域作为公共物品，上游和下游政府"搭便车"的现象较为普遍，形成"协商－合作"机制能保障发展权力的公平性和环境治理责任的对等性。内江市位于沱江流域中段，必须处理好与沱江流域上游德阳、成都、资阳等市政府以及沱江流域下游自贡、泸州、宜宾、重庆等市政府在流域治理中的合作关系。目前，内江市与沱江流域上下游政府基于利益需要和行政（四川省政府）力量引导形成了市级层面的横向网络治理结构，并主要以德阳、成都、眉山、资阳、内江、自贡、泸州 7 市达成的《沱江流域横向生态保护补偿协议》为依据维持和运行。同时，内江市还单独与泸州、资阳、重庆等市建立了联防联控机制。

### （三）内江市政府—企业—社区—环境 NGO—公众个体间的共同治理

在这个治理结构中，流域治理的主导和核心力量是内江市政府，与其他主体之间形成最直接的合作关系。对于企业，内江市政府主要采取关停污染性企业、限制污染性企业进入和污水排放许可证制度等管理措施；对于社区，主要是推进污水处理设施的建设，倡导居民绿色生产生活理念；对于环境NGO，主要借助媒体及社交平台发布环境信息以及与科研机构进行相关合作研究，如内江市政府与内江师范学院共建沱江流域高质量发展研究中心，就流域绿色发展和协调发展开展相关研究；对于公众个体，主要通过建立环境污染举报制度来发挥公众的监督职能。此外，公众也积极成立环保组织进行生态文明建设的宣传，如内江师范学院的大学生组成环境宣传队，每年暑假下乡对农村居民进行环境教育宣传。

## 二、健全机制，完善法律法规

实践和研究表明，环境治理成效的保障在于与之相适应的体制机制和法律法规。沱江流域内江段水污染治理过程中形成了有效的法律法规执行机制、组织管理机制、公众监督机制、合作研究机制、联防联控机制等制度保障。特别是四川省政府颁发了《四川省沱江流域水环境保护条例》，内江市出台了《内江市甜城湖保护条例》和《内江市沱江流域市场准入负面清单》等法律法规、创新了河长制度（钉钉"智慧河长"模式、企业河长制、河道警长制、河道网格员工作制、民间河长制），为沱江流域内江段水污染治理提供了有力的保障。

## 三、以项目为支撑，多措并举

以项目为支撑，叠加法律措施、行政措施、制度措施、财政措施，多措并举共同推动流域水污染综合治理，是沱江流域内江段近年来水污染治理成效较为突出的关键。其中，尤以水环境综合治理 PPP 项目和城乡生活垃圾处理 PPP 项目落地和推进发挥了至关重要的作用，成为沱江流域试点段水污染有效治理的实际抓手。通过建立"市上统筹、分级付费、分级监管、分级考核"的 PPP 项目工作推进机制，利用企业的先进技术、丰富的经验、成熟的管理制度和充足的资金投入来解决城市黑臭水体治理、城镇污水和城乡垃圾处理设施建设所面临的资金和技术难题，有效促进了沱江流域水污染的综合治理。

# 第六章　内江水环境综合治理中存在的主要问题

## 一、设施治理能力有限、管理严重滞后

### （一）水环境污染治理设施落后

内江市已建污水处理设施的部分乡镇由于未配套建设生活污水收集管网，污水处理效率很低，部分污水处理厂甚至出现污染物出水浓度高于进水浓度的情况，仍有大量污水为直排状态。内江市已建乡镇污水处理站纳污管道建设严重滞后，部分管道由于管径较小常常堵塞，导致污水收集率低，污水处理站不能正常运行。内江市部分镇污水提升泵站的提升泵已损坏，造成提升泵站无法正常运行，导致场镇生活污水不能进入污水处理池。

### （二）污水处理站运行经费不足，管理人员缺乏

由于内江市很多乡镇财力有限，一些采用 BT 模式建设的乡镇污水处理站由乡镇承担的部分工程款未按期落实，加之每年的运行管理维护费用，很多乡镇污水处理站都累积了大量的政府债务，不解决运行管理资金来源的问题，大部分乡镇污水处理站很难启动运行。目前，内江市各乡镇污水处理站所聘请的管理人员大多是临时或兼职人员，仅起到看护污水处理站的作用，并不懂污水处理站日常的运行管理技术，容易造成污水处理站设备损坏，使污水站无法正常运行。

### （三）科技支撑能力不足

近年来，内江市持续加大科技创新对污染防治工作的保障力度，但其支撑能力仍相对不足，对于行之有效且成本低廉的水污染治理、水生态修复技术手段运用都比较有限，同时在管理手段上还较为粗放，污染防治的科技支撑能力需进一步提升。

## 二、公众参与机制和联防联治机制不健全

### （一）公众参与机制不健全，社会治污力量薄弱

内江市市民一般具有一定的资源节约和环境保护意识，能通过媒体关注生态环境，而且已经认识到生态环境质量的重要性，但市民的环保意识属于典型本能式的、自我保护型的环境意识（事关自己切身利益时的浅层环保意识很强，不涉及自己切身利益时的深层环保意识不强）。内江市政府虽然开展了环境治理的法治宣传教育工作，但目前还未建立环境宣教成效评估和绩效考核机制，环境宣教能力较弱，专门的环境教育资源较少，公众参与污染治理的机制不健全，污染治理的社会力量较薄弱，党政干部生态文明教育工作的深度和广度还有待提高。

### （二）利益协调机制不健全，上下游联防联治存在困难

内江市与沱江上下游地区在沱江流域治理问题上达成了一些共识，并签订一些合作协议，如《沱江流域横向生态保护补偿协议》《加快沱江流域生态环境联防联治，构建长江上游生态屏障合作协议》，但是这些合作协议多属于框架性协议，内容过于宏观和广泛，由于纵向利益分配机制、横向利益协商机制、多元利益监督与反馈机制不健全，执行起来相对困难，在短时间内，难以落到实处。

## 三、水污染治理的市场机制不健全

### （一）市场化的生态补偿机制尚未建立

生态补偿机制是以保护生态环境、促进人与自然和谐为目的，根据生态

系统服务价值、生态保护成本、发展机会成本，综合运用行政和市场手段，调整生态环境保护和建设相关各方之间利益关系的一种制度安排。目前，已经在新安江流域、汉江流域、太湖流域等地方对生态补偿进行试点，并取得了显著成效。根据《四川省"三江"流域水环境生态补偿办法（试行）》的规定，内江市与成都、自贡、泸州、德阳、眉山、资阳 6 个沱江流域市签署了《沱江流域横向生态保护补偿协议》，这属于横向（跨市级）流域水污染综合防治生态补偿机制，但是目前尚未形成内江市各流域之间、各行政区县之间的流域生态补偿办法。

### （二）水资源开发利用的保护制度不健全

2015 年，内江市居民实行阶梯水价制度，这对于引导居民合理、节约用水发挥了重要作用。但是，阶梯水价制度目前仅在内江市城区试行，其他县市并未执行，没有充分发挥其价格杠杆作用，也没有起到调控居民用水行为的作用。此外，起源头控污作用的生活垃圾分类制度由于分类收集运输和分类处理终端条件的制约，目前仍处于探索阶段。

### （三）银行业绿色信贷机制不健全

近年来，国内银行业绿色金融理念逐步确立，已逐渐成为推进银行业机构战略转型、优化业务结构、降低信贷风险的需要。受诸多因素制约，我国绿色信贷发展尚处于探索和起步阶段，诸多方面亟待完善。尽管国家出台相关政策支持银行绿色信贷，但是由于环境治理项目投资大、周期长、见效慢、风险大，商业银行参与积极性并不高。内江市作为四川省的中小城市，绿色金融发展更是缓慢，金融并未在环境治理过程中发挥应有的作用。《内江市沱江流域综合治理和绿色生态系统建设与保护重大项目规划（2017—2020 年）》数据显示，该项目规划中中投资项目有 547 个，总投资额为 1 265.8 亿元，其中来自银行贷款的资金仅有 68.66 亿元，占总投资额的比重为 5.42%，大部分资金需要上级政府进行支付转移和地方政府自筹。

# 第七章　持续治理的对策建议

## 一、全面总结治理经验，将全流域纳入试点

流域治理是件久久为功的事情，沱江流域内江段水环境通过近三年综合治理，内江市在治理措施、治理机制等方面进行了大量的探索，也取得了明显成效，但离国家的要求和老百姓的期望还有差距。四川省政府应督促指导内江市政府积极总结此次治理的成功经验和存在的问题，并组织沱江流域上下游政府向中央政府积极争取将沱江全流域纳入第二批试点范围。

## 二、规划建设沱江流域生态经济带，推动流域高质量发展

四川省政府可对接《长江经济带发展规划纲要》和《成都东部新区沱江发展轴建设方案》，将成都东部新区沱江发展轴向南延伸至资阳、内江、自贡，并对接重庆荣昌和大足等地区，高标准规划建设沱江流域生态经济带，优化流域产业布局，深耕全流域绿色产业链，健全流域生态补偿机制，建立协同治理平台，助推沱江流域沿线高品质宜居地建设，使之成为成渝双城经济圈中部的绿色生态发展轴。

### 三、完善全流域联防联治机制，搭建沱江流域协同治理平台

美国田纳西河流域建立了联邦政府田纳西河流域管理局，淮河流域建立了淮河水利委员会，这些专职机构在流域治理规制、协调各方利益主体、组织环境非政府组织参与等方面发挥了重要的作用。四川省政府可在沱江流域内江段水环境综合治理试点的基础上，在完善河长联席会议制度、联合巡查制度、信息共享制度的基础上，联合沱江流域其他地方政府，搭建沱江流域环境治理平台。

### 四、进一步建立健全水环境治理市场机制

#### （一）完善多元化的生态补偿制度

积极落实《国务院办公厅关于健全生态保护补偿机制的意见》，按照"谁保护、谁受益""谁改善、谁得益""谁贡献大、谁多得益"的原则，进一步完善流域生态补偿制度，研究和制定县域多元化生态补偿机制和途径。

#### （二）建立水排污权交易制度

本着"政府引导、企业自愿"的原则，充分利用四川联合环境交易所平台，引导沱江干流、小青龙河、大清流河范围的企业参与排污权交易，参照四川省和内江市排污权交易管理规定、交易形式和具体收费项目及价格，规范交易行为，加强交易管理。

### 五、进一步建立健全水环境风险预警与绩效考核机制

#### （一）建立水环境风险预警机制

内江市依据社会经济发展状况、水资源存量、水环境承载力、污水排放等因素，建立生态安全综合评价指标体系，科学确定全市水资源开发利用强度和各种污染物总量排放强度，建立环境风险预警系统。

## （二）健全流域治理绩效考核制度

编制自然资源资产负债表，建立区域生态产品统计账户以及环境资源财富的动态台账，对沱江、小青龙河、大清流河以及中型水库等重要生态区统一确权登记，形成权责明确、监管有效的自然资源资产产权制度，将其作为衡量区域生态绩效的重要指标，将资源消耗、环境损害、生态效益、生态文明知识普及等指标纳入领导班子考核体系，与财政转移支付、生态补偿资金结合起来，并作为领导干部提拔任用的重要依据。

## 六、进一步建立健全绿色金融机制

推动内江市银行业大力发展绿色金融，大力支持生态环境建设和污染治理。一是充分利用倾斜、扶持政策，主动对接环保相关的协同发展重点项目；二是及时根据国家、地方政策导向和环保攻坚规划，合理规划资金投向，建立健全绿色信贷工作机制，助力"生态一体化"建设。

## 七、加快推进农村污水处理基础设施建设

整合环保、水利、农业、林业、城建等方面的专项资金，不断完善农村污水处理基础设施，杜绝生活污水直排和垃圾下河，在新村聚居区修建新的集中式生活污水处理站，完善截污管网及配套措施。

## 八、着力提升水污染治理管理能力

加强污水处理专业管理人才队伍建设，增强水污染治理的可持续动力。一方面，设置专门的职能岗位，给予编制，吸引环境监测与治理技术专业的高学历的人才加入内江市环境治理保护的团队；另一方面，邀请相关专家对现有的在职人员进行专业培训、提高其专业技术水平，或者支持现有在职人员外出进行学习培训，将先进地区的管理理念和技术运用到内江水环境污染治理中。

## 九、创新生态文明宣教机制，广泛引导社会力量参与

### （一）加大环境法治宣传力度

运用"全媒体"方式，充分利用各种媒体和传播手段，结合"以案说法"的形式，充分借助志愿服务组织的平台和资源，利用村（社区）法律服务团把法治宣传和德治宣传相结合，对沱江流域综合治理和绿色生态系统建设与保护工作相关的法律法规进行宣传，持续开展"法律七进"，拓宽宣教阵地，动员全社会力量共同参与沱江流域综合治理和绿色生态系统建设与保护工作，广泛组织开展各类感之于心、感知于情的宣教活动，激发人民群众爱内江、爱自然的情怀和对母亲河的自我保护意识，营造人人关爱、保护"母亲河"的良好氛围。

### （二）政府部门工作人员生态文明教育制度化

将生态文明教育纳入各级政府工作人员培训体系中，定期邀请市级、省级和国家层面的相关生态专家开展讲座，或者外出进行学习，并组织学习《关于开展领导干部自然资源资产离任审计的试点方案》《党政领导干部生态环境损害责任追究办法（试行）》等法律法规，建立起政府部门工作人员生态文明培训制度。

### （三）学校生态文明教育规范化

将生态文明教育纳入区域内中小学教学计划，招聘专门的教师或者对本地教师进行生态文化教育培训，组建生态文明教育的师资队伍；通过渗透式教育，在生物、化学、地理等基础课堂上进行讲解，或者开设专门课程，结合区域内水环境综合治理、城乡垃圾处理、农村人居环境整治等实践项目开展生态文明教育，每学期不得少于 4 个学时；依托西南循环产业园区建立城市生态文明教育基地，依托田家镇现代农文旅综合示范园区建立乡村生态文明教育基地，进一步推广生态文明教育。

### （四）企业生态文明教育常态化

建立企业生态文明教育制度，对所有企业负责人每个季度开展一次生态文明教育宣讲，引导企业内部建立员工生态文化常规教育与培训制度，通过大型讲座、素质拓展、公益活动培养员工环境保护意识和行为规范，大力支持企业开展环境公益活动，如绿地认养、植树造林、节水示范等活动，每年表彰2~3家"生态文明模范企业"。

### （五）基层生态文明教育适用化

发挥社区、村委的作用，每个季度举办环保读书、环保电影放映、环保作品展示等活动，在世界环境日、世界地球日、世界水日等主题节日举办主题宣传等活动，让生态文明逐渐深入人心。倡导居民践行绿色生活方式，如垃圾分类、节电节能等。引导农民践行绿色生产方方式，如施用绿色有机化肥、生物农药等。

# 参考文献

［1］ VUJICA YEVJEVICH. Effects of area and time horizons in comprehensive and integrated water resources management ［J］. Water Science and Technology, 1995, 31 (8): 19 - 25.

［2］ A SAIDA, G. SEHLKE, et al. Exploring an innovative watershed management approach: From feasibility to sustainability ［J］. Energy, 2006, 31 (13): 2373 - 2386.

［3］ BEN RONG PENG, NENG WANG, CHENHUI, et al. Empirical appraisal of Jiulong River Watershed Management Program ［J］. Ocean & Coastal Management, 2013 (81): 77 - 89.

［4］ FARSHAD JALILIPIRANI, SEYED ALIREZA MOUSA. Integrating socio - economic and biophysical data to enhance watershed management and planning ［J］. Journal of Hydrology, 2016 (540): 727 - 735

［5］ DAVID KRAFF, ALAN D. Integrated watershed management in Michigan: Challenges and proposed solutions ［J］. Journal of Great Lakes Research, 2018, 44 (1): 197 - 207.

［6］ 张云霞, 魏峣, 汪涛. 沱江流域河流氮、磷浓度时空分布特征及污染状况评价 ［J］. 环境污染与防治, 2021, 43 (8): 1028 - 1034.

［7］ 肖宇婷, 姚婧, 谌书, 等. 沱江流域总氮面源污染负荷时空演变 ［J］. 环境科学, 2021, 42 (8): 3773 - 3784.

［8］ 向梦玲, 姚建. 改进 TOPSIS 模型在沱江流域水质评价中的应用 ［J］. 人民长江, 2021, 52 (2): 25 - 29.

［9］ 杜明, 柳强, 罗彬, 等. 沱江流域水环境质量现状评价及分析 ［J］. 四川环境, 2016, 35 (5): 20 - 25.

[10] 陈雨艳, 余恒, 向秋实, 等. 沱江流域水环境质量分析 [J]. 四川环境, 2015, 34 (2): 85 - 89.

[11] 范兴建, 朱杰, 付永胜, 等. 距离指数—层次分析法在沱江流域水安全系统评价中的应用 [J]. 农业系统科学与综合研究, 2009, 25 (2): 129 - 132.

[12] 孟兆鑫, 李春艳, 邓玉林. 沱江流域生态安全预警及其生态调控对策 [J]. 生态与农村环境学报, 2009, 25 (2): 1 - 8.

[13] 何宗錡. 沱江河流域内江段水污染的防治对策 [J]. 内江科技, 2017, 38 (11): 61, 27.

[14] 王波, 李伟, 尹元畅, 等. 沱江流域成都段水环境污染特征及治理对策 [J]. 绿色科技, 2016 (4): 57 - 59.

[15] 漆辉, 伍钧, 田晓刚, 等. 沱江流域资阳段面源污染现状及防治对策 [J]. 安徽农业科学, 2011, 39 (3): 1679 - 1682.

[16] 郑周胜, 李大玮. "庇古税"、排污权交易与我国污染治理: 分析中国污染问题的政治逻辑 [J]. 濮阳职业技术学院学报, 2011, 24 (2): 145 - 147.

[17] 王齐. 政府管制与企业排污的博弈分析 [J]. 中国人口·资源与环境, 2004 (3): 121 - 124.

[18] 邹伟进, 胡畔. 政府和企业环境行为: 博弈及博弈均衡的改善 [J]. 理论月刊, 2009 (6): 161 - 164.

[19] 陈丽晖, 曾尊固, 何大明. 国际河流流域开发中的利益冲突及其关系协调: 以澜沧江—湄公河为例 [J]. 世界地理研究, 2003 (1): 71 - 78.

[20] 徐大伟, 涂少云, 常亮, 等. 基于演化博弈的流域生态补偿利益冲突分析 [J]. 中国人口·资源与环境, 2012, 22 (2): 8 - 14.

[21] 李宁, 王义保. 环保组织在环境冲突治理中的作用机制探析: 基于利益、价值与认知视角 [J]. 云南行政学院学报, 2015, 17 (3): 94 - 99.

[22] 伍虹. 环境犯罪中的危险犯探讨 [J]. 法制与经济 (下旬), 2012 (3): 25 - 26.

[23] 杨玉川, 张征, 李培, 等. 流域水资源与水环境综合管理发展现状及存在问题 [J]. 中国环境管理丛书, 2004 (1): 28 - 30.

[24] 赵春光. 我国流域生态补偿法律制度研究 [D]. 青岛: 中国海洋大学, 2009: 45.

[25] 王勇. 论新媒介环境下的政府公共传播 [J]. 昆明理工大学学报 (社会科学版), 2010, 10 (6): 72 - 77.

[26] 陈梅, 钱新. 公众参与流域水污染控制的机制研究 [J]. 环境科学与管理, 2010, 35 (2): 5 - 8.

［27］方子杰，徐志武，王挺，等. 基于"系统治理"与"多规合一"相结合的楠溪江河口治理与保护研究［J］. 水利规划与设计，2018（10）：8－11.

［28］王俊敏. 水环境治理的国际比较及启示［J］. 世界经济与政治论坛，2016（6）：161－170.

［29］FREEMAN R E. Strategic management：A stakeholder approach［M］. Boston：Pitman/Ballinger，1984.

［30］许静，王永桂，陈岩，等. 长江上游沱江流域地表水环境质量时空变化特征［J］. 地球科学，2020，45（6）：1937－1947.

［31］TODD L，LEASK A，ENSOR J. Understanding primary stakeholders' multiple roles in hallmark event tourism management［J］. Tourism Management，2017，59（2）：494－509.

［32］DOMÍNGUEZ－GÓMEZ J A，GONZÁLEZ－GÓMEZ T. Analysing stakeholders' perceptions of golf－course－based tourism：A proposal for developing sustainable tourism projects［J］. Tourism Management，2017，63（6）：135－143.

［33］董蕊. 协作性治理中主体利益冲突的对策研究：以太湖水污染治理为例［J］. 梧州学院学报，2014，24（4）：29－34.

［34］钟明春. 基于利益视角下的环境治理研究［D］. 福州：福建师范大学，2010：36.

［35］易志斌. 国内跨界水污染治理研究综述［J］. 水资源与水工程学报，2013，24（2）：109－113.

［36］李胜. 构建跨行政区流域水污染协同治理机制［J］. 管理学刊，2012（3）：98－101.

［37］TIPPETT J，HANDLEY J F，RAVETZ J. Meeting the challenges of sustainable development－a conceptual appraisal of a new methodology for participatory ecological planning［J］. Progress in Planning，2007，67：9－98.

［38］邓志强. 我国工业污染防治中的利益冲突与协调研究［D］. 长沙：中南大学，2009：57.

［39］FREDERICK W C. Business and society，corporate strategy，Public Policy，ethics（6thed）［M］. New York：McGraw－Hill，1992.

［40］CHARKHAM J. Corporate governance：lessons from abroad［J］. European Business Joumal，1992，4（2）：8－16.

［41］MITCHELL，R K，AGLE，B R，WOOD，D J. Toward a Theory of Stakeholder Identification and Salience：Defining the Principle of who and What Really Counts［J］. Academy of Management Review，1997，22（4）：853－886.

[42] 贾生华，陈宏辉. 利益相关者的界定方法述评 [J]. 外国经济与管理，2002 (5)：24-25.

[43] 张新华，谷树忠，王礼茂. 新疆矿产资源开发利益格局合理性识别 [J]. 资源科学，2015，37 (10)：1992-2000.

[44] 彭近新，李赶顺，张玉柯. 减轻环境负荷与政策法规调控中国环境保护理论与实践 [M]. 北京：中国环境科学出版社，2003：46.

[45] 陈晓宏，陈栋为，陈伯浩，等. 农村水污染治理驱动因素的利益相关者识别 [J]. 生态环境学报，2011，20 (8-9)：1273-1277.

[46] 曹成杰，郭晓帆，朱波，等. 经济转型与利益格局调整 [M]. 北京：国家行政学院出版社，2011：123.

[47] 季燕霞. 博弈的天平 [M]. 北京：中国社会科学出版社，2011：87.

[48] 汪玉凯. 利益格局扭曲的政治学分析 [J]. 同舟共进，2013 (2)：22-23.

[49] 叶富春. 利益结构、行政发展及其相互关系 [M]. 北京：中国社会科学出版社，2004：65.

[50] 黎林. 博弈论视角下公平竞争审查制度研究 [D]. 长沙：湖南大学，2017：69.

[51] 潘娟. 财政分权对地区经济不平衡增长的影响研究 [D]. 兰州：兰州大学，2010：110.

[52] 钟明春. 基于利益视角下的环境治理研究 [D]. 福州：福建师范大学，2010：48.

[53] 尚宇红. 治理环境污染问题的经济博弈分析 [J]. 理论探索，2005 (6)：93-95.

[54] 郭根. 当前中国利益格局困境的分析与破解 [J]. 西南大学学报 (社会科学版)，2014，40 (2)：55-60.

[55] 赵磊. 论当前改革中的利益失衡 [J]. 哲学研究，1998 (11)：24-29.

[56] 陈晶晶. 用环境公益诉讼拯救长江水污染 CFP [N]. 法制日报，2007-04-15.

[57] 闫新宇. 沱江水污染治理的"四川行动" [N]. 四川经济日报，2018-08-13.

[58] 施祖麟，毕亮亮. 我国跨行政区河流域水污染治理管理机制的研究：以江浙边界水污染治理为例 [J]. 中国人口·资源与环境，2007，17 (3)：3-9.

[59] 徐志伟，刘欢. 河流污染协同治理行为及相关福利分析：基于不同经济空间结构的视角 [J]. 河北经贸大学学报，2015，36 (4)：108-113.

[60] 吕志奎. 第三方治理：流域水环境合作共治的制度创新 [J]. 学术研究，2017 (12)：77-83，177.

[61] 朱德米. 地方政府与企业环境治理合作关系的形成：以太湖流域水污染防治为例 [J]. 上海行政学院学报，2010，11 (1)：56-66.

[62] 董珍. 生态治理中的多元协同：湖北省长江流域治理个案 [J]. 湖北社会科学, 2018 (3)：82 - 89.

[63] 闫龙. 第三方参与环境污染治理激励机制与合作机制研究 [D]. 武汉：武汉大学, 2017：34.

[64] 韩姣杰, 周国华, 李延来. 基于互惠和利他偏好的项目团队多主体合作行为 [J]. 系统管理学报, 2014, 23 (4)：545 - 553.

[65] FRIEDMAN. Evolutionary game in economics [J]. Econometrica, 1991, 59 (3)：637 - 666.

[66] 彭新艳. 基于准市场组织的项目跨组织合作创新行为研究 [D]. 成都：西南交通大学, 2018.

[67] 霍晓. 跨区域大气污染联合防治中的地方政府演化博弈分析 [D]. 南京：东南大学, 2017：102.

[68] 张彦博, 寇坡, 张丹宁, 等. 企业污染减排过程中的政企合谋问题研究 [J]. 运筹与管理, 2018, 27 (11)：184 - 192.

[69] 彭新艳, 周国华. 准市场组织安排下的项目参与主体间技术合作行为研究 [J]. 科技管理研究, 2016, 36 (22)：172 - 178.

[70] 潘兴侠. 我国区域生态效率评价、影响因素及收敛性研究 [D]. 南昌：南昌大学, 2014.

[71] 徐松鹤. 公众参与下地方政府与企业环境行为的演化博弈分析 [J]. 系统科学学报, 2018, 26 (4)：68 - 72.

[72] 胡星. 演化博弈视角下的环境污染治理中利益主体间冲突研究 [D]. 福州：福建师范大学, 2018：66.

[73] 沈坤荣, 周力. 地方政府竞争、垂直型环境规制与污染回流效应 [J]. 经济研究, 2020, 55 (3), 35 - 49.

[74] 胡光胜. 河长制：流域治理的权力整合与责任重建 [J]. 连云港师范高等专科学校学报, 2018 (2)：104 - 108.

[75] 李永友, 沈坤荣. 我国污染控制政策的减排效果：基于省际工业污染数据的实证分析 [J]. 管理世界, 2008 (7).

[76] 崔浩. 建构流域跨界水环境污染协作治理机制 [J]. 学理论, 2017 (1)：1 - 3.

[77] 李佳芸. 区域异质性、合作机制与跨省城市群环境府际协议网络 [D]. 成都：电子科技大学, 2017：143.

[78] 李婷. 长江流域水污染治理模式之构建 [J]. 法制博览, 2019 (3)：76 - 77.

[79] 罗伟亮. 城市大气治理利益相关者行为互动机制研究 [D]. 北京：中国计量学

院，2015.

[80] TIPPETT J, HANDLEY J F, RAVETZ J. Meeting the challenges of sustainable development – a conceptual appraisal of a new methodology for participatory ecological planning [J]. Progress in Planning, 2007, 67: 9 – 98.

[81] 尹珊珊. 区域大气污染地方政府治理的激励性法律规制 [J]. 环境保护, 2020, 48 (5), 60 – 65.

[82] 陶希东. 跨界区域协调：内容机制与政策研究：以三大跨省都市圈为例 [J]. 上海经济研究, 2010（1）: 56 – 64.

[83] 汪伟全. 空气污染跨域治理中的利益协调研究 [J]. 南京社会科学, 2016（4）: 79 – 84, 112.

[84] 魏向前, 唐利, 张铁军. 以制度为突破口推进地方政府合作进程 [J]. 南方论刊, 2012（2）: 13 – 16.

[85] 张彩云, 卢玲, 王勇. 政绩考核与环境治理：基于地方政府间策略互动的视角 [J]. 财经研究, 2018（5）: 45 – 62.

[86] 刘军汉. 建立健全利益协调机制的五个重点 [J]. 江西行政学院学报, 2010, 12 (1): 48 – 51.

[87] 方桂荣. 信息偏在条件下环境金融的法律激励机制构建 [J]. 法商研究, 2015 (4): 63 – 72.

[88] 腾讯网. 每年共同出资 5 亿, 各市共建沱江流域横向生态补偿机制 [EB/OL]. (2018 – 09 – 30) [2021 – 10 – 30]. https://new.qq.com/omn/20180930/20180930A1YHHE. html.

[89] 王吉泉, 等. 建立岷江沱江流域水生态环境保护横向补偿机制对策建议 [J]. 现代经济信息, 2019（15）: 364 – 365.

[90] 张为杰. 生态文明导向下中国的公众环境诉求与辖区政府环境政策回应 [J]. 宏观经济研究, 2017（1）: 54 – 60, 147.

[91] 中国水网. 一个地方环保局长关于垂改的心里话 [EB/OL]. (2017 – 01 – 03) [2021 – 10 – 30]. http://www.h2o – china.com/news/view?id = 251731&page = 1.